GNU R -
Free Software Directory

誰にでもできる
らくらく
R言語

渡辺利夫 著

ナカニシヤ出版

はじめに

　1994年に『使いながら学ぶS言語』を出版し，2005年に『フレッシュマンから大学院生までのデータ解析・R言語』を出版し，今回の『誰にでもできるらくらくR言語』は，統計用言語の第3作目となる。S言語とR言語は，共通するところが多いが，R言語の最大の利点は，無償だということである。無償でありながら，内容がかなり充実しているということである。そして，データ解析だけでなく，心理実験用の画面までR言語で作成することができる。ただ，一つの問題点は，どうも学ぶには敷居が高いという印象があるようである。R言語の書籍もだいぶ出版され，R言語ユーザーも増加の傾向にあるが，R言語のコンソール画面のメニューバーのhelpの中にあるマニュアルをみても，英語で説明してあるだけでなく，細かい説明がないので，R言語に慣れないとわかりにくい箇所もあるのではないかと思う。しかしながら，R言語は，Rに最初から組み込まれている関数の詳しい説明を知らなくても，100程度の基本コマンドを知っていれば，あとはその応用で，自分の目的にあった関数を定義できたり，プログラムを作成することが可能である。かつて1970年代後半から80年代前半に使用されたBASIC言語の感覚で，簡単にプログラムを書くことができる。特に，心理学で使用するt検定や分散分析のプログラムは，その計算式さえ知っていれば，それほど難しいプログラムではない。

　本書は，基本コマンドを利用して，自分独自のプログラムを作成するための手助けを目的としている。第1章では，電卓代わりとして使用できるRによる数値の加減乗除から始まり，ベクトル，および，行列の演算を説明する。そして，第2章では，グラフィックスを利用して，出力をプロットする方法を学び，第3章で，独自のプログラムを作成するための関数の定義の仕方について学ぶ。第4章，第5章，第6章，第7章では，統計的仮説検定のための関数の作成を通して，プログラミングの実際を学ぶ。そして，最後に第8章では，実際のデータをもとにして，各自がデータ解析に挑戦する。本書を通してさらに多くのRユーザーが増えることを願っている。

　最後に，本書を出版するにあたり，ナカニシヤ出版社長の中西健夫氏，そし

て，編集長の宍倉由高氏には，拙著出版の機会をいただき，感謝申し上げる。

2009 年 12 月

渡辺利夫

目　次

1　らくらく R 言語　　1

- 1.1　R 言語のインストールの方法　1
- 1.2　スカラーの演算　2
- 1.3　ベクトルの演算　7
- 1.4　行列の演算　15
- 1.5　プログラムファイルとデータファイル　28

2　R グラフィックス　　34

- 2.1　座標軸に点をプロットする　34
- 2.2　色の指定　54
- 2.3　形の指定　58

3　R プログラミング　　62

- 3.1　繰り返し文と条件文　62
- 3.2　入出力　67
- 3.3　時間制御　70
- 3.4　独自の関数の作成　70
- 3.5　アンケート画面設計　79

4　統計的仮説検定のための関数を作る　　85

- 4.1　χ^2 検定のための関数　85
- 4.2　t 検定のための関数　90

- 4.3 回帰係数の検定のための関数　97
- 4.4 相関係数の検定のための関数　100
- 4.5 F分布を利用した検定　103

5 分散分析のための関数を作る
（標本の大きさが等しい場合）　108

- 5.1 1要因分散分析のための関数　108
- 5.2 2要因分散分析のための関数　114

6 分散分析のための関数を作る
（標本の大きさが異なる場合）　129

- 6.1 対応がなく，標本の大きさが異なる場合の1要因分散分析の関数　129
- 6.2 対応がなく，標本の大きさが異なる場合の2要因分散分析の関数　132
- 6.3 標本の大きさが異なる，1要因（要因2）において対応のある2要因分散分析の関数　138

7 多重比較のための関数を作る　144

- 7.1 1要因分散分析後の多重比較（WSD検定）のための関数　144
- 7.2 標本の大きさがすべて等しい場合の2要因分散分析後の多重比較（WSD検定）のための関数　146
- 7.3 標本の大きさが異なる場合の2要因分散分析後の多重比較（WSD検定）のための関数　151

8 データ解析を体験する 152

- 8.1 t 検定を体験する 152
- 8.2 分散分析, および, 多重比較を体験する 156
- 8.3 データ解析の解答例 159

R 言語基本関数一覧 179

らくらくR言語 1

1.1 R言語のインストールの方法

　R言語はフリーソフトウエアで，日本では筑波大学のミラーサイト等からダウンロードできる。以下の方法によってダウンロードしてみよう。

(1) まず，R言語がダウンロードできる次のサイトを開いてみる。
　　http://cran.md.tsukuba.ac.jp/
　　使用しているパソコンのOSがWindowsであれば，画面の中の「Windows」をクリックする。そして，新しい画面の「base」をクリックする。

(2) R2.9.2 for Windowsというウィンドウが開くので，「Previous releases」をクリックし，「Download R2.9.0 for Windows」をクリックする（R言語は頻繁に更新され，そのたびにR2.9.2の番号も更新されるので，ダウンロードの際には最新版を使用することが望ましいが，本書はR2.9.0に基づいて作成されており，特に後に使用するrimageは，R2.9.0に基づくので，本書に関してはR2.9.0をダウンロードすることが望ましい）。すると，「このファイルを実行する」か，「ファイルをコンピュータに保存する」か選択するように尋ねられるので，「保存する」をクリックし，自分の望むディレクトリに保存する。そして，「実行」をクリックし，インストール中に使用する言語としてJapaneseを選び，「OK」をクリックする。

(3) 「R for Windows 2.9.0 セットアップウィザードの開始」のウィンドウが開くので，「次へ」をクリックする。

(4) すると，「GNU GENERAL PUBLIC LICENSE」を尋ねられるので，内容を確認後，「次へ」をクリックする。

(5) 「インストール先の指定」を尋ねられるので，「C:\Program Files\R\R-2.9.0」を選び，「次へ」をクリックする。

(6)「コンポーネントの選択」を尋ねられるが，そのまま，「次へ」をクリックする。
(7)「起動時オプション」を尋ねられるが，「次へ」をクリックする。
(8)「プログラムグループの指定」を尋ねられるが，「次へ」をクリックする。
(9)「追加タスクの選択」を尋ねられるが，「次へ」をクリックする。
(10) R 言語のインストールが開始される。「R for Windows 2.9.0 セットアップウィザードの完了」が表示されたらば，「完了」をクリックする。
(11) R.2.9.0 というショートカットがデスクトップ上に作成されていることを確認する。
(12) R.2.9.0 のショートカットをクリックすると，R Console 画面が表示され，プロンプト > が表示されていれば，R 言語は使用可能である。
(13) R 言語を終了するときは，プロンプト > の右に q( ) を入力する。「作業スペースを保存しますか？」と尋ねられるので，「いいえ」を選ぶ。
(14) ついでに，C:\Program Files\R\R-2.9.0 を開く。ここに，R 言語で必要なファイルが保存されている。今後使用することがあるので，このディレクトリを覚えておく。

1.2 スカラーの演算

1.2.1 R の開始と終了の仕方

デスクトップにできた R2.9.0 のショートカットアイコンをクリックするか，R-2.9.0 フォルダーの中の bin フォルダーの中にある Rgui.exe をクリックすると，R 言語用のウィンドウが開く。R 言語のプロンプトは，> である。> の右に，必要とするコマンド（命令文）を入力して，エンターキーを押せば，そのコマンドは実行され，結果が画面に表示される。例えば，

```
> 1+2
```

を実行すると，

```
> [1] 3
```

と表示される。出力に表示された [1] は，[ ] の後に表示された出力は，[ ] 内の数字で示された出力，すなわち，1 番目の出力であることを意味する。出力数が多いときには，[ ] 内の数字をもとに，出力された数字等の出力位置や，出力数を知る手がかりとなる。R 言語を終了するときには，

```
> q ( )
```

とするか，Rgui 画面のメニューバーにある「ファイル」をクリックして終了すればよい。終了の際に，「作業スペースを保存しますか？」と尋ねられる。これは，R 言語使用中に定義したオブジェクト（変数のことで R 言語では変数をオブジェクトと呼ぶ）を保存しておくかどうかを尋ねており，「はい」をクリックすれば，オブジェクトが保存され，次回に R を実行するときに，変数の再定義をする手間が省ける。「いいえ」をクリックすると，変数の保存はなされないので，次回に R 言語を実行するときは，初めからやり直すことになる。R 言語に慣れるまでは「いいえ」をクリックし，初めからやり直した方がプログラムの実行時に古いプログラムで同じオブジェクト名で定義されたオブジェクトが残っているようなことがあり，オブジェクトの定義の間違いを避けることができる。

■ 1.2.2　加減乗除

　R 言語において，加減乗除の演算は，順に，+，-，*，/ を使用して行われる。そして，演算ための括弧は，( ) のみ使用できる。{ } や [ ] は，R 言語では別の目的で使用される。以下に加減乗除の演算の例を示す。

```
> 2+3
```

```
[1] 5
```

```
> 2-3
```

```
[1] -1
```

```
> 2*3
```

```
[1] 6
```

```
> 2/3
```

```
[1] 0.6666667
```

```
> 2+3*(4+2)
```

```
[1] 20
```

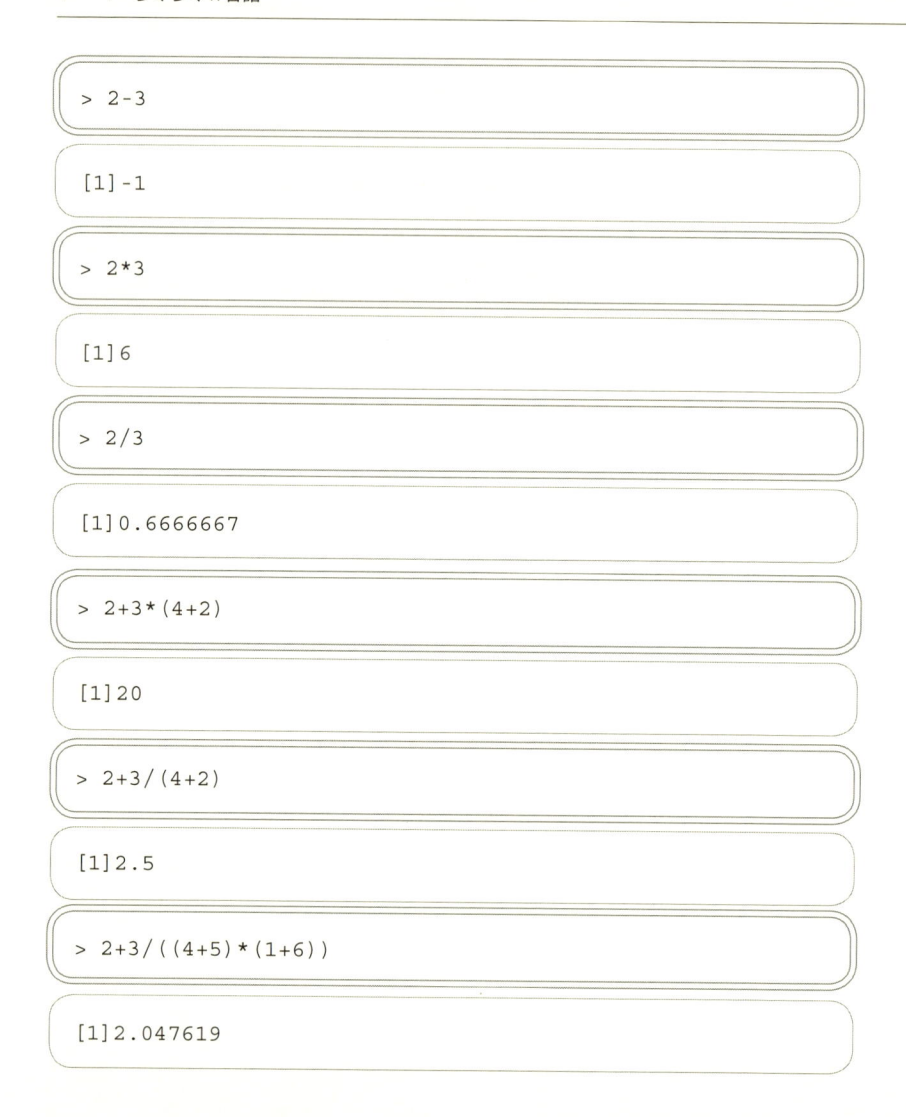

```
> 2+3/(4+2)
```

```
[1] 2.5
```

```
> 2+3/((4+5)*(1+6))
```

```
[1] 2.047619
```

■ 1.2.3 システム関数

　R言語では，データ解析用にさまざまな関数がシステム関数として用意されている。その中から特に基本的な関数を以下に示す。まず，べき乗計算のための^という関数がある。2^xという形式で使用し，例えば，2の5乗を計算す

るときは，2^5とすればよい．また，べき指数xは小数でもよいので，2^0.5とすれば，2の平方根を計算することができる．平方根の場合には，sqrtという関数も用意されており，sqrt(2)とすれば，2の平方根を計算する．指数関数e^xの時には，exp(x)という形式で使用する．同様に，対数関数$\log_e x$はlog(x)という形式で，$\log_{10} x$はlog10(x)という形式で使用する．また，三角関数，$\sin x$，$\cos x$，$\tan x$は，sin(x)，cos(x)，tan(x)という形式で使用する．ただし，xはラジアンの単位で表示する．そして，これらの逆関数は，asin(x)，acos(x)，atan(x)という形式で使用する．

次にroundという関数がある．これは，四捨五入用の関数で，round(x,a)という形式で使用する．xのところには四捨五入したい数値が入り，aのところには四捨五入後に表示したい小数の位が入る．例えば，1.4145を小数第4位を四捨五入して第3位まで求めたいときは，round(1.4145,3)とすればよい．

ほかにもさまざまな基本関数がR言語では準備されている．とりあえず必要なR言語の基本関数を本書の最後にR言語基本関数一覧として掲げておく．詳しくは，メニューバーの「ヘルプ」から「Htmlヘルプ」を選択すると，Statistical Data Analysis Rというウィンドウが開くので，その中から「Packages」を選択し，さらに「base」を選択すると，さまざまな基本関数の説明がある．

以下に関数の実行例を示す．

```
> 2^3
```

```
[1] 8
```

```
> sqrt(2)
```

```
[1] 1.414214
```

```
> log(2)
```

```
[1] 0.6931472
```

```
> exp(2)
```

```
[1] 7.389056
```

```
> sin(0.5)
```

```
[1] 0.4794255
```

```
> cos(0.5)
```

```
[1] 0.8775826
```

```
> tan(0.5)
```

```
[1] 0.5463025
```

```
> round(sqrt(2),2)
```

```
[1] 1.41
```

■ 1.2.4　その他のシステム関数と実行したコマンドの保存

　データ解析用の関数ではないが，R言語を使用する際に，便利な関数がいくつかある。特に重要な関数を紹介する。まず，関数 ls は，R言語使用時に定義したオブジェクトをリストする。ls() という形式で使用する。何も定義していなければ，character(0) と表示される。

　以下の例を実行してみよう。

```
> ls()
```

```
character(0)
```

```
> x<-3
> ls()
```

```
[1] "x"
```

　最初は，何もオブジェクトを定義していないので，character(0) と表示されるが，x<-3 を実行することによって，x というオブジェクトに 3 が保存されるので，x が表示される。x<-3 は x の中に 3 を保存するという意味である。<- は < と - の組み合わせである。

　関数 rm は，既に定義したオブジェクトを削除したいときに使用する。rm(x) を実行すると，x が削除される。

　次に，実行したコマンドの保存について説明しよう。R 言語で実行したコマンドを保存して，どのような処理をしたかを記録しておきたい場合がしばしば生じる。そのようなときは，Rconsole 画面の保存したい内容を反転して，Rgui 画面のメニューバーにある「編集」をクリックして，「コピー」をクリックすれば，テキストファイルやワードファイルに貼り付けることができる。

1.3　ベクトルの演算

1.3.1　ベクトルの作成

　ベクトルは，2つ以上の数値をもとに構成され，例えば，ベクトルを x_1，その要素を $(3, 5, 6, 8)$ とすると，その要素は，R 言語では c(3,5,6,8) のように，関数 c を用いて定義される。よって，ベクトル x_1 は，

```
> x1<-c(3, 5, 6, 8)
```

と定義される。ベクトルが，2つ以上の要素からなるのに対して，1つの要素からなる場合をスカラーと呼ぶ。R言語では，x1のように定義されるオブジェクトは<-の左に，定義の内容は<-の右に書く。オブジェクト名は，英数字，「.」「_」のみ使用できる。ただし，定義するオブジェクトの頭文字はアルファベット，および，「.」のみ使用できる（例：abc, .xy1）。そして，大文字と小文字を区別する。よって，Aとaでは異なるオブジェクト名となる。そして，半角表示である。システム関数も同じ規則で定義されるので，新しくオブジェクト名を定義するときには，混乱を避けるため，システム関数と同じ名前は避けることが望ましい。例えば，cは，システム関数として存在するので，cをオブジェクト名として定義することは避ける。これから定義しようとするオブジェクト名（例えば，c1）が，既にシステム関数として使用されているかどうかを調べるには，新しく定義しようとするオブジェクト名をプロンプト>の後に書き，エンターキーを押してみればよい。既に，システム関数として定義されていれば，定義内容が表示される。システム関数として定義されていなければ，「エラー：オブジェクト'c1'がありません」と表示される。例として，cとc1を調べてみよう。

```
> c
```

```
function(..., recursive=FALSE)  .Primitive("c")
```

```
> c1
```

```
エラー：オブジェクト'c1'がありません
```

関数lengthは，ベクトルの要素数を数えてくれる。例えば，length(x1)とすれば，ベクトルx_1の要素数が表示される。また，ベクトルの要素を文字で表す場合は，x2<-c("a","b")のように，要素を" "で囲んで定義する。ベクトルの要素を表示するには，ベクトルを定義しているオブジェクト名をプロンプト>の後に書き，エンターキーを押せばよい。すると，

```
> x1<-c(3,5,6,8)
> x1
```

```
[1] 3 5 6 8
```

のように要素が表示される。また，要素の一部を表示したい場合は，[ ] を使用する。x_1 の 2 番目の要素のみを表示したければ，x1[2]，2 番目と 4 番目の要素を提示したれば，x1[c(2,4)] とすればよい。このように c( ) を使用して，任意のデータが表示できる。また，: を使用して，x1[1:3] とすると x_1 の要素の中の 1 から 3 までのデータを表示する。: は等差数列を表す。: を使用して c(0:10)*2 とすると 0 から 20 までの偶数を，c(0:10)*2+1 とすると，1 から 21 までの奇数を表現できる。さらに x1[x1<5] とすることによって，x_1 の要素で 5 よりも小さい要素を取り出すこともできる。

```
> x1[2]
```

```
[1] 5
```

```
> x1[c(2,4)]
```

```
[1] 5 8
```

また，[ ] を用いて x_1 の要素を修正することも可能である。2 番目の要素を 5 ではなく，9 に修正したい場合は，

```
> x1[2]<-9
```

とすればよい。すると，

```
> x1
```

```
[1] 3 9 6 8
```

のように，2番目の要素は9に変わる。

1.3.2　ベクトルの演算

　ベクトルの要素同士の演算であれば，スカラーの演算と同じように，加減乗除は，

```
+, -, *, /
```

によって可能である。しかしながら，ベクトルの内積の場合は，

```
%*%
```

を用いる。2つのベクトルを

$a = (a_1, a_2, a_3, a_4)$
$b = (b_1, b_2, b_3, b_4)$

とすると，ベクトルの内積は

$a \cdot b = a_1 b_1 + a_2 b_2 + a_3 b_3 + a_4 b_4$

で定義される。これをR言語で実行してみよう。2つのベクトルを

```
> a<-c(1,2,3,4)
> b<-c(5,6,7,8)
```

とすると，ベクトルの内積は，

```
> a%*%b
```

```
     [,1]
[1,]   70
```

となる。すなわち，ベクトル *a* とベクトル *b* の内積は，70 となる。[1,]，および，[,1] は行列を表現するときに使用される表記で，[1,] は行列の 1 行目を意味し，[,1] は行列の 1 列目を意味する。ベクトルの内積の計算で行列の表記がなされるのはベクトルの内積を行列の計算として扱っているからである。

2 つのベクトルが互いに直交すると，ベクトルの内積は 0 となる。ベクトルのノルムは，ベクトルの大きさ（長さ）を意味するが，これは同じベクトルの内積の平方根に等しい。

■ 1.3.3 ベクトル形式のデータの統計量の算出

ベクトルの要素を並べ替えることが，実際のデータではしばしば生じる。例えば，ベクトルの要素があるテストの成績であったりすると，成績のよい順に並べ替えたりすることがある。関数 sort は，ベクトルの要素を小さい順に並べ替える。関数 rev は，ベクトルの要素を現時点での順と逆順に並べ変える。また，関数 table は，ベクトルの要素の度数を数えたり，2 つのベクトルのクロス集計を行う。

例えば

```
>y1<-c(5,2,2,5,2)
>y2<-c(1,1,1,0,1)
```

とすれば

```
> sort(y1)
```

```
[1] 2 2 2 5 5
> rev(y1)
[1] 2 5 2 2 5
> table(y1)
y1
2 5
3 2
>table(y1,y2)
   y2
y1    0 1
   2  0 3
   5  1 1
```

と出力される。table(y1)の出力の第1行目はy_1の中の各要素を表し, 第2行目はその個数を表す。y_1の場合は2が3つ, 5が2つあるので, 2の個数は3, 5の個数は2となる。そして, table(y1,y2)の出力は, 行にy_1の要素, 列にy_2の要素を表し, クロス集計を出力する。例えば, y_1=2, かつ, y_2=1である個数は3となり, y_1=5, y_2=0となる個数は1となる。

ベクトルデータに関する総和, 平均, 不偏分散, 標準偏差, レンジ(最小値と最大値を表す), 相関係数, 共分散は, sum, mean, var, sd, range, cor, covを用いて計算される。例えば,

```
> x1<-c(3,5,6,8)
> x2<-c(2,3,6,9)
```

とすれば, x_1の総和は

```
> sum(x1)
```

```
[1] 22
```

x_1 の平均は,

```
> mean(x1)
```

```
[1] 5.5
```

x_1 の不偏分散は,

```
> var(x1)
```

```
[1] 4.333333
```

x_1 の標準偏差は,

```
>sd(x1)
```

```
[1] 2.081666
```

x_1 のレンジは,

```
> range(x1)
```

```
[1] 3 8
```

x_1 と x_2 の相関係数は,

```
> cor(x1,x2)
```

```
[1] 0.9594483
```

x_1 と x_2 の共分散は，

```
> cov(x1,x2)
```

```
[1] 6.333333
```

によって計算される。

さらに，関数 tapply を用いると，属性別にこれらの統計量が計算できる。x_1 の4個のデータの被調査者の性別が，男，女，女，男の順であったとし，男を1，女を0で表すと，sex<-c(1,0,0,1) となる。性別別に x_1 の平均を計算するならば，tapply(x1,sex,mean) とすればよい。実際に実行すると，以下の出力を得る。

```
> x1<-c(3,6,6,8)
> sex<-c(1,0,0,1)
> tapply(x1,sex,mean)
```

```
  0   1
6.0 5.5
```

出力の1行目に各属性（女0，男1），2行目に各属性に対する平均（女の平均=6.0，男の平均=5.5）が示されている。データの中から，特定のデータを選び出すような場合も時には生じる。例えば，x_1 の中から男だけのデータを選び出すような場合である。そのようなときは，x1[sex==1] とすれば，x_1 の中から男のデータだけが選び出せる。よって，tapply を使わずに mean(x1[sex==1])とすれば，x_1 に関する男だけの平均を計算することもできる。また，別の属性として，age<-c(20,21,20,23) として年齢が与えられているとき，年齢が20歳以下の人を選びたい場合は，x1[age<=20] とすればよい。さらに，x_1 の中から年齢が20歳以下の男を選び出したいときは，x1[age<=20 & sex==1] とすればよい。逆に，年齢が20歳以上であれば age>=20 のよう

に表し，20歳以外としたければage!=20と表す．

1.4 行列の演算

1.4.1 行列の作成

行列は，いくつかの行ベクトル，あるいは，列ベクトルが集まったものである．行列データを作成する関数として，まず，関数matrixが挙げられる．今，4個の要素からなるベクトルx_1を

```
> x1<-c(1,2,3,4)
```

とする．このデータを順に2つずつとり，それをもとに行ベクトルを作成し，そして，それらの行ベクトルをもとに行列X_1を作成することを考えよう．これは，

```
> X1<-matrix(x1,ncol=2,byrow=T)
> X1
```

```
     [,1] [,2]
[1,]   1    2
[2,]   3    4
```

によって行われる．ncolは作成する行列の列数を表し，ncol=2は列数が2であることを意味する．byrowは，行列を行ベクトルをもとにして作成する場合はT，列ベクトルをもとに作成する場合はFとする．TはTRUEを意味し，FはFALSEを意味する．以下のようにbyrow=Fとすると，列ベクトルをもとに行列Y_1を作成する．

```
> Y1<-matrix(x1,ncol=2,byrow=F)
> Y1
```

```
     [,1] [,2]
[1,]   1    3
[2,]   2    4
```

また，既に x_1, y_1 のようなベクトルがあり，これをもとにして行列を作成することも可能である。x_1, y_1 を列ベクトルとして，行列を作成するときは，cbind(x1,y1)，行ベクトルとして行列を作成するときには，rbind(x1,y1) とすればよい。作成された行列の次元を調べるには，関数 dim を使用する。dim(X1) は，行列 X_1 の行数，列数を順に出力する。行列の行と列を転置した行列を転置行列と呼ぶが，転置行列は，関数 t を使用して作成される。

```
> t(X1)
```
```
     [,1] [,2]
[1,]   1    3
[2,]   2    4
```

また，対角行列とは，対角要素以外は0の行列を意味するが，対角行列は，関数 diag を使用して作成できる。まず，全ての要素が0からなる行列を作成し，次に，diag を使用して，対角要素に数値を代入する。以下の例を参照。

```
> D<-matrix(c(0,0,0,0),ncol=2,byrow=T)
> diag(D)<-c(1,2)
> D
```
```
     [,1] [,2]
[1,]   1    0
[2,]   0    2
```

このようにすると，D の対角要素に 1, 2 が代入される．対角要素が全て 1 である対角行列である単位行列 I を作成するには，対角要素を全て 1 にすればよい．

■ 1.4.2 行列の演算

ベクトルの演算の場合と同じように，2 つ以上の行列の対応する要素の加減乗除であれば，+, -, *, / が使用される．しかしながら，行列の積の場合は，ベクトルの内積の場合と同じように %*% を使用する．今，2 つの行列を X_1, X_2 とするとき，

```
> X1<-matrix(c(1,2,3,4),ncol=2,byrow=T)
> X2<-matrix(c(5,6,7,8),ncol=2,byrow=T)
```

行列の要素の加減乗除は順に

```
> X1+X2
```

```
     [,1]  [,2]
[1,]   6     8
[2,]  10    12
```

```
> X1-X2
```

```
     [,1]  [,2]
[1,]  -4    -4
[2,]  -4    -4
```

```
> X1*X2
```

```
        [,1]   [,2]
[1,]      5     12
[2,]     21     32
```

```
> X1/X2
```

```
             [,1]         [,2]
[1,]    0.2000000    0.3333333
[2,]    0.4285714    0.5000000
```

となり，行列の積は

```
> X1%*%X2
```

```
        [,1]   [,2]
[1,]     19     22
[2,]     43     50
```

```
> X2%*%X1
```

```
        [,1]   [,2]
[1,]     23     34
[2,]     31     46
```

となる．行列の積では，X1%*%X2 と X2%*%X1 は等しくない．また，X1%*%X2=I のとき，X_2 を行列 X_1 の逆行列と呼ぶ．ただし，行列 I は単位行列を意味する．また，同様にして X_1 を X_2 の逆行列と呼ぶ．逆行列は，関数 solve を用いて計算される．

以下の例を参照．

```
> X3<-matrix(c(1,-1,1,1),ncol=2,byrow=T)
> solve(X3)
```

```
     [,1]  [,2]
[1,] 0.5   0.5
[2,]-0.5   0.5
```

また，行列の中から一部の要素を取り出すには以下のようにすればよい．今，行列 X を n 行 m 列の任意の行列とすると，

X[1,] は，行列 X の第 1 行目のみの要素を取り出す．
X[,3] は，行列 X の第 3 列目のみの要素を取り出す．
X[1,3] は，行列 X の第 1 行第 3 列の要素を取り出す．
X[1:3,c(1,4,6)] は，行列 X の第 1 行目から第 3 行までと第 1,4,6 列を取り出す．さらに，X[X<3]<-0 とすることによって X の要素で 3 より小さい要素を 0 に変換することもできる．そして，行列をベクトルに変換するときは，関数 c を使用し，c(X) のようにすればよい．

■ 1.4.3 固有値，固有ベクトル

行列の固有値，および，固有ベクトルを計算するには，関数 eigen が準備されている．例えば，行列 X の固有値，および，固有ベクトルを計算したいときには，eigen(X) とすればよい．固有値だけを出力したいときは，eigen(X)$values，固有ベクトルだけを出力したいときは，eigen(X)$vectors とすればよい．$ は，出力の中から一部の出力のみを取り出すときに使用される．固有ベクトルは，列ベクトルとして定義されている．そして，出力される固有ベクトルは，ベクトルのノルムを 1 とする正規化固有ベクトルである．以下に例を示す．行列 X は，対称行列でも非対称行列でも固有値，および，固有ベクトルの計算ができる．対称行列の場合は，固有ベクトルが互いに直交するという性質がある．また，「固有値の総和」と「もとの行列の対角要素の総和」が等しいという性質がある．

```
> X<-matrix(c(4,2,2,3),ncol=2,byrow=T)
> X
```

```
     [,1] [,2]
[1,]    4    2
[2,]    2    3
```

```
> eigen(X)
```

```
$values
[1] 5.561553 1.438447
$vectors
             [,1]       [,2]
[1,] -0.7882054  0.6154122
[2,] -0.6154122 -0.7882054
```

これより，行列 X の固有値は，5.561553，1.438447 となり，固有値の和は7で，行列 X の対角要素の和（4+3=7）に等しい。また，第1固有値に対する固有ベクトルが（-0.7882054, -0.6154122）^{t} で，第2固有値に対する固有ベクトルが（0.6154122, -0.7882054）^{t} である。ともに列ベクトルである。右肩にtが書かれているのは，列ベクトルを行ベクトルの転置ベクトルとして表示していることを意味する。そして，0より大きい固有値の数が，その行列の階数となるので，eigen を利用し行列の階数を計算することもできる。

```
> X3<-matrix(c(1,2,3,2,4,6,3,6,9),ncol=3,byrow=T)
> X3
```

```
     [,1] [,2] [,3]
[1,]    1    2    3
```

```
[2,]    2    4    6
[3,]    3    6    9
```

```
> eigen(X3)
```

```
$values
[1] 1.400000e+01 5.329071e-15 1.484923e-15
$vectors
              [,1]       [,2]       [,3]
[1,] -0.2672612  0.9636241  0.0000000
[2,] -0.5345225 -0.1482499 -0.8320503
[3,] -0.8017837 -0.2223748  0.5547002
```

```
> round(eigen(X3)$values,2)
```

```
[1] 14  0  0
```

0より大きい固有値は，14だけであるので，行列 X_3 の階数は1である。ただし，$values の中で表現される e+01，e-15 は，順に 10^1，10^{-15} を意味する。よって，round を用いて小数第3位を四捨五入すると $values の2番目，3番目の値は0となる。

■ 1.4.4 統計量の算出（行の統計量，列の統計量）

行列データの統計量を計算するシステム関数として，関数 apply がある。例えば，行列 X の列平均を計算するときは，

```
> X<-matrix(c(4,2,3,3),ncol=2,byrow=T)
> apply(X,2,mean)
```

とすればよい。apply は3つの引数からなり，最初の引数は，統計量を求

めようとする行列．2番目の引数が1の時は，各行に関して第3番目の引数によって指定された統計量を計算する．2番目の引数が2のときは，各列に関して第3番目の引数によって指定された統計量を計算する．よって，apply(X,2,mean) は，行列 X の各列の平均を計算する．同様に，apply(X,1,sum) は，行列 X の各行の総和を計算する．

以下に例を示す．

```
> X
```

```
     [,1] [,2]
[1,]    4    2
[2,]    3    3
```

```
> apply(X,2,mean)
```

```
[1] 3.5 2.5
```

```
> apply(X,1,mean)
```

```
[1] 3 3
```

```
> apply(X,1,sum)
```

```
[1] 6 6
```

```
> apply(X,2,var)
```

```
[1] 0.5 0.5
```

```
> apply(X,2,table)
```

```
     [,1] [,2]
[1,]   1    1
[2,]   1    1
```

apply(x,2,table) は，行列 X の各列の要素の度数を出力している．そして，行列 X に var(X) とすると列間の分散共分散行列が計算される．さらに，関数 dist を使用して，dist(X) によって行間距離を計算することができる．また，特定の行や列だけの平均を求めたい時，例えば，2，3，5 行目だけを取り出して X の行の平均を計算したい時は，apply(X[c(2,3,5),],1,mean) とすればよい．同様にして以下のようなことも可能である．apply(X[c(2,3,5),],2,mean) は，2，3，5 行をもとに列平均を計算する．apply(X[1:3,4:6],1,sum) は，4〜6 列を取り出して，1〜3 行の行の総和を計算する．次に，行列 X の列間相関行列は cor(X) によって，行間相関行列は cor(t(X)) によって計算される．

以下の例を参照．

```
X<-matrix((c(1,3,2,7,4,5,3,6,4,2,5,3,1,6,4,2,7,4,3,6,2,
4,3,5,4,6,2,5,3,7,4,1,3,5,2,6),ncol=6,byrow=T)
> X
```

```
     [,1] [,2] [,3] [,4] [,5] [,6]
[1,]   1    3    2    7    4    5
[2,]   3    6    4    2    5    3
[3,]   1    6    4    2    7    4
[4,]   3    6    2    4    3    5
[5,]   4    6    2    5    3    7
[6,]   4    1    3    5    2    6
```

```
> round(var(X),3)
```

```
          [,1]    [,2]   [,3]    [,4]  [,5]  [,6]
[1,]   1.867  -0.333 -0.267  0.067  -1.8   1.0
[2,]  -0.333   4.667  0.333 -2.533   2.0  -1.0
[3,]  -0.267   0.333  0.967 -1.567   1.2  -1.0
[4,]   0.067  -2.533 -1.567  3.767  -2.2   1.8
[5,]  -1.800  -2.000  1.200 -2.200   3.2  -1.8
[6,]   1.000  -1.000 -1.000  1.800  -1.8   2.0
```

```
> round(dist(X),3)
```

```
      1     2     3     4     5
2  6.856
3  6.928 3.000
4  4.796 4.000 5.385
5  5.196 5.831 6.856 2.449
6  4.796 7.348 8.544 5.477 5.292
```

```
> round(dist(X,diag=T,upper=T),3)
```

```
      1     2     3     4     5     6
1  0.000 6.856 6.928 4.796 5.196 4.796
2  6.856 0.000 3.000 4.000 5.831 7.348
3  6.928 3.000 0.000 5.385 6.856 8.544
4  4.796 4.000 5.385 0.000 2.449 5.477
5  5.196 5.831 6.856 2.449 0.000 5.292
6  4.796 7.348 8.544 5.477 5.292 0.000
```

```
> round(apply(X[c(2,3,5),],1,mean),3)
```

```
[1] 3.833 4.000 4.500
```

```
> round(apply(X[1:3,4:6],1,sum),3)
```

```
[1] 16 10 13
```

```
> round(cor(X),3)
```

```
        [,1]   [,2]   [,3]   [,4]   [,5]   [,6]
[1,]   1.000 -0.113 -0.199  0.025 -0.736  0.518
[2,]  -0.113  1.000  0.157 -0.604  0.518 -0.327
[3,]  -0.199  0.157  1.000 -0.821  0.682 -0.719
[4,]   0.025 -0.604 -0.821  1.000 -0.634  0.656
[5,]  -0.736  0.518  0.682 -0.634  1.000 -0.712
[6,]   0.518 -0.327 -0.719  0.656 -0.712  1.000
```

```
> round(cor(t(X)),3)
```

```
        [,1]   [,2]   [,3]   [,4]   [,5]   [,6]
[1,]   1.000 -0.398  0.041  0.356  0.445  0.445
[2,]  -0.398  1.000  0.834  0.262 -0.109 -0.908
[3,]   0.041  0.834  1.000  0.238 -0.047 -0.656
[4,]   0.356  0.262  0.238  1.000  0.908 -0.036
[5,]   0.445 -0.109 -0.047  0.908  1.000  0.371
[6,]   0.445 -0.908 -0.656 -0.036  0.371  1.000
```

上の例において，round(var(X),3) の出力の行列の対角要素には，行列 X の各列の不偏分散が表示され，非対角要素には，行列 X の列間の共分散が表示されている．例えば，出力された行列の第 1 行第 1 列に表示されている

1.867 は行列 X の第1列の不偏分散を表し，右隣りの -0.333 は行列 X の第1列と第2列の間の共分散を表す．次に，`round(dist(X),3)` の出力は，行列 X の行間距離行列の下半分を示し，第2行第1列の 6.856 は，第1行と第2行で表される座標値を基にした行間の距離（ユークリッド距離）を表す．すなわち，`sqrt((1-3)^2+(3-6)^2+(2-4)^2+(7-2)^2+(4-5)^2+(5-3)^2)` によって計算される距離である．行間距離行列の対角要素も上半分の要素も出力する必要があるときは，`round(dist(X,diag=T,upper=T),3)` とすればよい．

■ 1.4.5 3次元配列

関数 array を使用すると3次元配列も可能となる．例えば，表1に示されるように，性別別に英語，数学，国語の得点が5人ずつある場合，性別×科目×個人の3次元データを作ることも可能である．

表1　性別別英・数・国得点

	男			女		
	英	数	国	英	数	国
1	5	4	9	8	4	9
2	9	5	8	6	5	6
3	2	3	7	9	7	3
4	6	6	2	2	2	5
5	8	2	4	8	4	8

```
> x<-c(5,9,2,6,8,4,5,3,6,2,9,8,7,2,4,8,6,9,2,8,4,5,7,2,
4,9,6,3,5,8)
> X<-array(x,c(5,3,2))
```

を実行すると，X に表1のデータが保存される．X の中のデータは，個人，科目，性別の順に定義されているので，c(5,3,2) は，順に第1，第2，第3次元の大きさを表す．第1次元は，個人であるので5，第2次元は，科目であるので3，第3次元は性別であるので2となる．

```
> X
, , 1
     [,1] [,2] [,3]
[1,]   5    4    9
[2,]   9    5    8
[3,]   2    3    7
[4,]   6    6    2
[5,]   8    2    4

, , 2
     [,1] [,2] [,3]
[1,]   8    4    9
[2,]   6    5    6
[3,]   9    7    3
[4,]   2    2    5
[5,]   8    4    8
```

```
> mean.sex<-apply(X,3,mean)
> mean.sex
```

```
[1] 5.333333  5.733333
```

```
> mean.subject<-apply(X,2,mean)
> mean.subject
```

```
[1] 6.3 4.2 6.1
```

```
> mean.person<-apply(X,1,mean)
```

```
> mean.person
```

```
[1]6.500000 6.500000 5.166667 3.833333 5.666667
```

```
> mean.sex.subject<-apply(X,c(3,2),mean)
> mean.sex.subject
```

```
     [,1] [,2] [,3]
[1,] 6.0  4.0  6.0
[2,] 6.6  4.4  6.2
```

を実行すると，性別別平均，科目別平均，個人別平均，性別，および，科目の平均が計算される．また，関数 apperm によって，次元を入れ替えることもできる．例えば，Y<-apperm(X,c(2,1,3)) とすれば，第1次元と第2次元が入れ替わり，第1次元が科目に，そして，第2次元が個人になる．そして，3次元配列をベクトルに変換するときは，関数 c を使用し，c(X) のようにすればよい．

1.5 プログラムファイルとデータファイル

1.5.1 プログラムファイルの作成

　プログラムが長くなってくると，エラーが起こりやすく，また，プログラムによっては何度も使用するプログラムも出てくる．そのような場合，プログラムをテキストファイルに書き，プログラムファイルを作成し，それをRの画面に読み込む方法がある．まず，今後のためにR言語用のフォルダーを作成しよう．例えば，My documents の下に rprogram というフォルダーを作成したとしよう．このフォルダーの中で，テキストファイルを開き，以下に示す6行のプログラムを書いてみよう．

```
x1<-c(3,5,6,8)      # オブジェクト x1 の定義
```

```
x2<-c(2,3,6,9)      # オブジェクト x2 の定義
mx1<-mean(x1)       # x1 の平均を計算し，mx1 とする
var1<-var(x1)       # x1 の不偏分散を計算し，var1 とする
r<-cor(x1,x2)       # x1 と x2 の相関を計算し，r とする
print(cbind(mx1,var1,r))    # mx1，var1，r を印刷する
```

プログラムの中の # は，コメントを書く時などに使用され，各行において # の後の内容は実行されない。コメントが 2 行以上になる時は，各行のコメントの前に # をつけてからコメントを書けばよい。ただし，# は半角で書く。そして，プログラムを実行する際には，# 以降は省略してもよい。

ところで，プログラムを作成する場合は，文字コードが ANSI（Shift_JIS）になっていることを確認する。例えば，Unicode になっているとプログラムが正常に作動しない。そして，プログラムファイルの中では，プロンプト > を記入する必要はない。

そして，プログラム名を例えば，prog1.txt として保存してみよう。今度は，R コンソール画面の上部にあるメニューバーの「ファイル」をクリックし，その中の「R コードのソースを読み込み」をクリックし，先ほど作成したプログラムのあるディレクトリ（フォルダー名と同じでこの場合，rprogram）まで移動し，「ファイルの種類」の中から All files を選び，prog1.txt をクリックすると，prog1.txt が実行され，以下に示す出力を得る。

```
       mx1      var1         r
[1,]   5.5  4.333333  0.9621024
```

左から順に，x_1 の平均（5.5），x_1 の不偏分散（4.333333），x_1 と x_2 の相関係数（0.9621024）を意味する。プログラムを用いて結果を出力するには関数 print を使用する。print 文で出力したい内容を定義しないと何も出力されない。また，2 つ以上のオブジェクトを出力する場合は，関数 cbind を使用する。1 つのオブジェクトのみを出力する場合は，cbind はなくてもよい。例えば，mx1 だけを出力する場合は，print(mx1) でもよい。

1.5.2 データファイルの作成

データファイルは，データのみを保存してあるファイルで，テキストファイルを用いて作成する。データを直接テキストファイルに書かずに，エクセルワークシートを利用してデータを作成し，それをコピーして，テキストファイルに貼り付けるのが便利である。データ間は，1 文字以上の長さのスペースで区切る。アルファベットをデータとして使用する場合は，各アルファベットを " " で囲む。そして，データファイル名をつけて保存する。例えば，

```
1    2    3
4    5    6
```

というデータをプログラムファイルと同じフォルダーに，data1.txt という名前で保存したとしよう（コンピュータの設定によっては，データファイル名を data1 とするだけで，自動的に data1.txt となる。そのような場合，data1.txt と名前をつけると，data1.txt.txt となってしまうので注意する）。そして，

```
data1<-matrix(scan("data1.txt"),ncol=3,byrow=T)
```

という文を，プログラムの中でデータを使用する実行文より前に書けばよい。ncol は，データのコラム数でこの場合 3 列であるので，ncol=3 となる。byrow=T は，読み込んだデータを行ベクトルとして配列してゆくという意味である。これを byrow=F とすると，読み込んだデータを列ベクトルとして配列することになる。<- の左の data1 は，別のオブジェクト名でもかまわない。ただし，data というシステム関数が存在するので data というオブジェクトは定義しないようにする。データファイル名は，scan( ) の中に書き," " で囲む。ファイル名に .txt をつけるのを忘れないようにする。データがスペース以外，例えば，「,」で区切られている時は，scan("data1.txt",sep=",") とすればよい。データファイルがプログラムと同じフォルダーにある場合，プログラムを実行すると，「データファイルが見つからない」というエラーメッセージが出てくる。その時は，R コンソール画面のメニューバーの「ファイル」

をクリックし，その中の「ディレクトリの変更」をクリックする。そして，データファイルがあるディレクトリに移動し，「OK」をクリックしたあと，再びプログラムファイルを読み込めば，プログラムが実行される。プログラムファイルとデータファイルを常に同じフォルダーに保存し，プログラムを実行する前に，そのフォルダーへディレクトリの変更をしておくと便利である。

いま，下に示すアンケートが4人の人になされ，以下に示される結果を得たとする。ただし，行が個人，列が項目を示すとする。よって，1人目のデータは1行目，2人目のデータは2行目に対応する。

(1) あなたは，R言語をどれくらい理解しましたか。理解の程度を0から100までの数字で答えてください。ただし，0は0％理解，100は100％理解していることを意味します。

(2) あなたは，どれくらいの時間をかけてR言語を勉強しましたか。勉強時間を分単位で，10，15のように整数で答えてください。

(3) あなたは，R言語に関して何冊の書籍を持っていますか。書籍の数を整数で答えてください。

(4) あなたの性別（男ならば1，女ならば0）を記入してください。

```
 80  120  2  0
 50   50  0  1
100  100  4  1
  1   10  0  0
```

まず，上のデータをテキストファイルに作成し，data2.txtとし，以下のプログラム（prog2.txtとする）を実行してみよう。ただし，♯以降はコメント文であるので，プログラムに書く必要はない。

```
data1<-matrix(scan("data2.txt"),ncol=4,byrow=T)
#data2.txtからデータを読み込み，列数4の行列data1とする
```

```
item<-data1[,1:3]
#data1 の 1 列目から 3 列目までを取り出し，item とする
sex<-data1[,4]     #data1 の 4 列目を取り出し，sex とする
mx<-round(apply(item,2,mean),2)
#item の列平均を計算し，小数第 2 位まで求め，mx とする
vx<-round(apply(item,2,var),2)
#item の不偏分散を計算し，小数第 2 位まで求め，vx とする
mx1.sex<-round(tapply(item[,1],sex,mean),2)
#item の 1 列目の平均を性別別に計算し，小数第 2 位まで求め，
#mx1.sex とする
vx1.sex<-round(tapply(item[,1],sex,var),2)
#item の 1 列目の不偏分散を性別別に計算し，小数第 2 位まで求め，
#vx1.sex とする
print(cbind(mx,vx))     #mx と vx を印刷する
print(cbind(mx1.sex,vx1.sex))
#mx1.sex,vx1.sex を印刷する
```

すると，以下に示す出力を得る．

```
        mx      vx
[1,]  57.75 1853.58
[2,]  70.00 2466.67
[3,]   1.50    3.67
   mx1.sex vx1.sex
0     40.5  3120.5
1     75.0  1250.0
```

R 言語理解度の平均が 57.75%，勉強時間の平均が 70 分，書籍数の平均が 1.5 冊．項目 1 （理解度）に関し，女の平均が 40.5%，男の平均が 75%ということになる．そして，各平均の隣の数字は，対応する不偏分散を示す．例えば，理

解度 57.75% の不偏分散は，1853.58 ということになる。そして，mx1.sex には，性別別に（男 1，女 0）に R 言語の理解度の平均が，さらに，vx1.sex にはその不偏分散が表示されている。

R グラフィックス

2.1 座標軸に点をプロットする

2.1.1 関数 plot

1) 引数 x, y

　R 言語では，X11 というグラフィックス画面を利用してグラフィックスを行う。まずは，関数 plot を使用して，点をプロットしてみよう。関数 plot は，x, y, type, xlim, ylim, main, sub, xlab, ylab 等を引数とする関数である。まずは，以下に示すプログラムを実行してみよう。ただし，一番左の > は R 言語のプロンプトであるので，> 以外の部分をプロンプトの後にキーボードを使用して入力してゆく。

```
> x<-c(1,2,3,4,5)
> y<-c(2,3,5,7,9)
> plot(x,y)
```

　すると，図 2-1-1 に示す図が出力される。
　関数 plot(x,y) の x, y は，順に横座標値，縦座標値を示し，関数 plot は，横軸を x, 縦軸を y として，x, y で定義された座標値をプロットする関数である。図に示される 5 つの点の座標値は，左下の点から順に，(1, 2), (2, 3), (3, 5), (4, 7), (5, 9) を表す。図 2-1-1 を見て気づくこととして，まず，横座標と縦座標の目盛りの範囲が異なるということである。R グラフィックスでは，何も指定しない限り，横軸と縦軸の目盛りの範囲はデータをもとにして自動的に決まる。横軸 x の値は，1, 2, 3, 4, 5 であるので，x 軸の数値は，1 から 5 の範囲となる。そして，縦軸 y の値は，2, 3, 5, 7, 9 であるので，y 軸の数値は，2

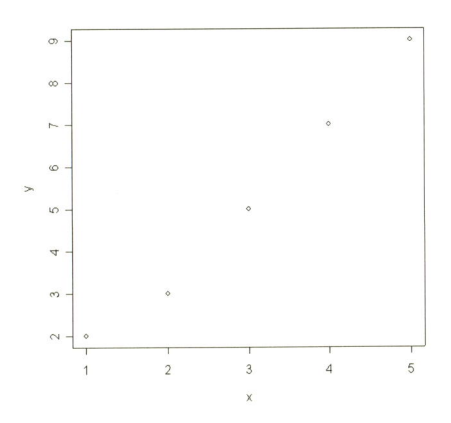

図 2-1-1　type="p" の場合の出力

から 9 の範囲となる。

2) 引数 type

引数 type は，データのプロットの仕方に関する引数で，プロットするデータを上記したように点を用いてプロットする場合は type="p"，線でつなげる場合は type="l"（ただし，l は，L の小文字），点と線を用いてプロットする場合は type="b" として，関数 plot を実行する。また，type="n" とすると枠だけを描き，データをプロットしない。type を特に指定しない場合は，type="p" となる。type="n" の場合は，後で示す関数 points や text の箇所で説明する。以下のプログラムを実行してみよう。ただし，今後プロンプト > は省略する。

```
x<-c(1,2,3,4,5)
y<-c(2,3,5,7,9)
plot(x,y,type="b")
```

すると，図 2-1-2 を得る。

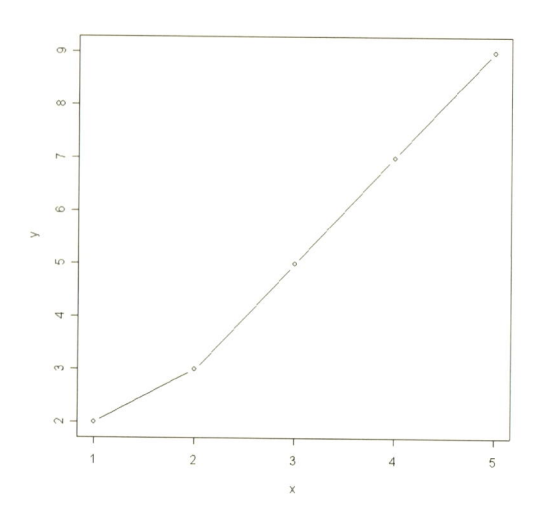

図 2-1-2　type="b" の場合の出力

3) 引数 xlim, ylim

引数 xlim, ylim は，横軸，縦軸の座標値の範囲を指定する。図 2-1-2 の場合，横軸の座標値の範囲は 1 から 5，縦軸の座標値の範囲は 2 から 9 である。横軸も縦軸も 0 から 9 の範囲に定義したい場合は，xlim=c(0,9)，ylim=c(0,9) とする。以下のプログラムを実行してみよう。

```
x<-c(1,2,3,4,5)
y<-c(2,3,5,7,9)
plot(x,y,type="b",xlim=c(0,9),ylim=c(0,9))
```

すると，図 2-1-3 を得る。

4) 引数 main, sub

引数 main, sub は，図につける題目を指定する引数である。引数 main で定義された題目は，図の上部に太字体で，引数 sub で定義された題目は，図の下部に標準字体で表示される。主題目を Main Title, 副題目を Sub Title とする

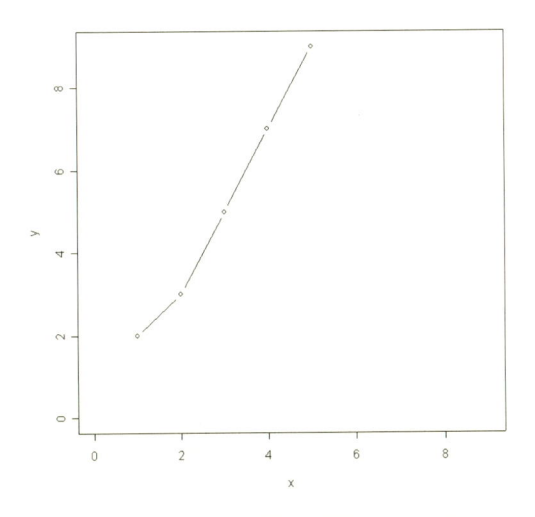

図 2-1-3 引数 xlim, ylim を用いて座標軸の範囲を指定した場合の出力

場合, main="Main Title", sub="Sub Title" と定義する。以下のプログラムを実行してみよう。

```
x<-c(1,2,3,4,5)
y<-c(2,3,5,7,9)
plot(x,y,type="b", xlim=c(0,9),ylim=c(0,9),
main="Main Title",sub="Sub Title")
```

すると，図 2-1-4 を得る。

5) 引数 xlab, ylab

引数 xlab, ylab は，順に横軸，縦軸につける名前を指定する。例えば，横軸を xaxis, 縦軸を yaxis と指定する場合は，xlab="xaxis", ylab="yaxis" と定義する。以下のプログラムを実行してみよう。

38　2　Rグラフィックス

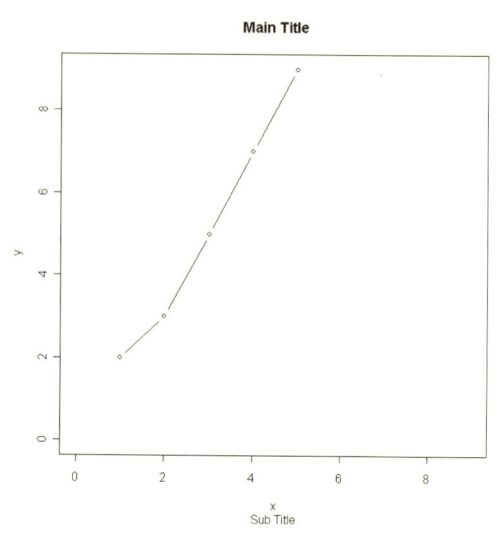

図 2-1-4　引数 main，sub を用いて主題目，副題目を指定した場合の出力

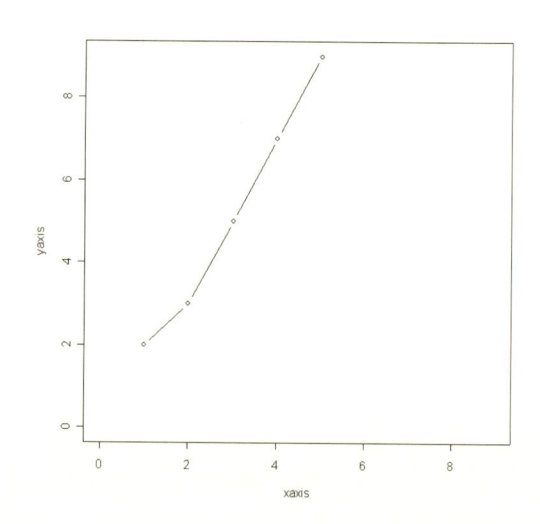

図 2-1-5　引数 xlab，ylab を用いて横軸 , および , 縦軸を命名した場合の出力

```
x<-c(1,2,3,4,5)
y<-c(2,3,5,7,9)
plot(x,y,type="b",xlim=c(0,9),ylim=c(0,9),xlab="xaxis",
ylab="yaxis")
```

すると，図 2-1-5 を得る。

■ 2.1.2 関数 par
1) 引数 bty, pty, tck, las, pin, fin

関数 par は，図を描くときの，線の太さや色等のパラメーターを指定する関数で，引数として，bty, cex, col, fin, font, las, lty, lwd, mfrow, pch, pin, pty, tck 等を持つ。関数 par で定義すると，R を終了するか，新たに par で定義し直すまで，それ以降のプログラムに par で定義された内容が適用される。引数 bty は，座標軸の枠の種類を指定する引数で，図 2-1-5 に示すように，枠の形を四角にする場合は，par(bty="o")，枠の形を横軸と縦軸だけの L 型にする場合は，par(bty="l") を plot の前に実行すればよい。ただし，bty="l" の l は，L の小文字とする。また，図 2-1-5 を見ると，横軸と縦軸の目盛りは，同じ間隔であるにもかかわらず，長さが異なる。目盛りの間隔が同じとき，軸上の目盛り間の間隔の長さも同じにしたいときは，par(pty="s") を plot の前に実行すればよい。さらに，目盛りを軸の内側に描くには，tck を使用して，par(pty="s", tck=0.02) を実行すればよい。tck の値が正のとき，目盛りは軸の内側（横軸の上側，縦軸の右側）に表示され，tck の値が負のとき，目盛りは軸の外側（横軸の下側，縦軸の左側）に表示される。tck で指定される数値は，目盛りの長さである。そして，縦軸の目盛りの表示を水平にしたいときは，par(las=1) を実行すればよい（ただし，las=1 の 1 は数字の 1 である）。最後に，pin は，グラフィックス画面の中での図領域の大きさを示し，pin(5,5) のようにして，幅，高さをインチで示す。そして，fin は，座標軸全体の大きさを表し，fin(3,3) のようにして，幅，高さをインチで示す。以下のプログラムを実行してみよう。

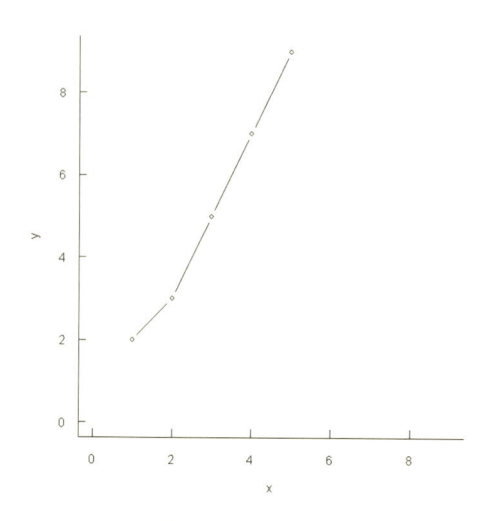

図 2-1-6　引数 las, および, tck を用いて座標軸の目盛の表示の変更

```
x<-c(1,2,3,4,5)
y<-c(2,3,5,7,9)
par(bty="l",pty="s",tck=0.02,las=1)
plot(x,y,type="b",xlim=c(0,9),ylim=c(0,9))
```

すると，図 2-1-6 を得る．

さらに，縦軸と横軸の原点を一致させるには，原点のズレの長さ（0.35）だけ横軸と縦軸の範囲に加え，xlimit=c(0.35,9), ylimit=c(0.35,9) とすると，原点が重なる．すなわち，0.35 の長さだけデータの最小値より小さい値から軸を描き始めるので，横軸と縦軸の範囲の下限を 0.35 にすると，ちょうど 0 から描き始めてくれることになる．この 0.35 という長さが，軸の 0 から横軸と縦軸の交点までの長さに対応する．軸の目盛りの設定の仕方によって，この長さは変わることに注意しよう．最終的に以下のプログラムを実行してみよう．

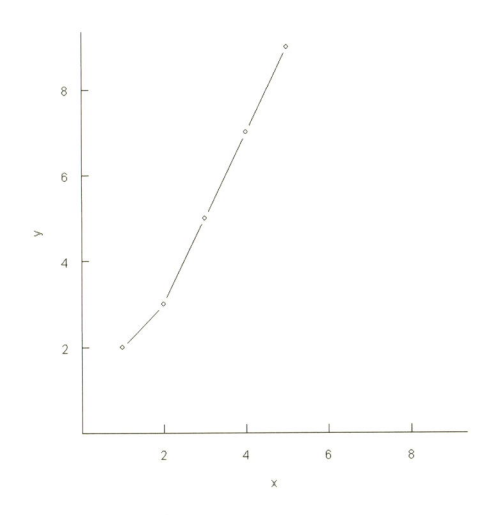

図 2-1-7　原点を一致させる

```
x<-c(1,2,3,4,5)
y<-c(2,3,5,7,9)
par(bty="l",pty="s",tck=0.02,las=1)
plot(x,y,type="b",xlim=c(0.35,9),ylim=c(0.35,9))
```

すると，図 2-1-7 を得る。

2）引数 pch

次に，プロットする記号の設定を変えてみよう。特に指定しない限り，図 2-1-7 に示されるように，データは○でプロットされる。○の代わりに別の記号で点をプロットする場合は，pch を使用して指定する。例えば，

```
x<-c(1,2,3,4,5)
y<-c(2,3,5,7,9)
par(bty="l",pty="s",tck=0.02,las=1,pch="X")
plot(x,y,type="b",xlim=c(0.35,9),ylim=c(0.35,9))
```

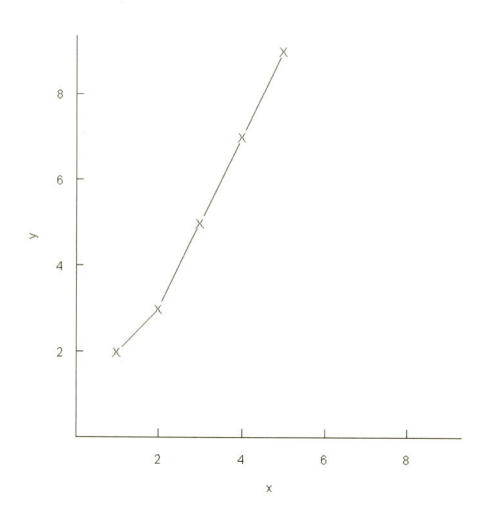

図 2-1-8 引数 pch を用いて，プロットする記号を X に変えた場合の出力

を実行すると，図 2-1-8 で示されるように，X によってプロットされる。pch="X" の X の箇所に使用したい記号を代入するだけでその記号でプロットが可能となる。数字を使用する場合も同じで，pch="2" とすると，2 をプロットする。このとき，pch=2 とすると，これは，数字 2 で指定された絵記号をプロットすることになる。"" をつけるか否かで変わってくるのである。絵記号は以下のように指定されている。

pch=1 …　○
pch=2 …　△
pch=3 …　+
pch=4 …　×
pch=5 …　◇
pch=6 …　▽

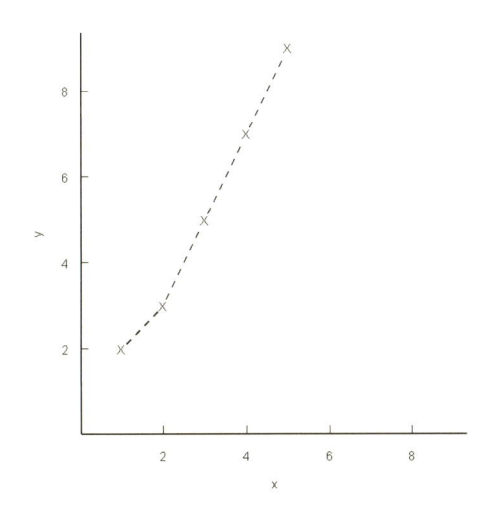

図 2-1-9　引数 lty と lwd を用いて線の種類と太さを変えた場合の出力

3) 引数 lty と lwd

引数 lty は，描く線の種類を指定する場合で，lty=1 ならば実線，lty=2 ならば破線，lty=3 ならば点破線で描く．そして，lwd は描く線の太さを指定する．lwd=1 が標準の太さで，その 2 倍の太さにするときは，lwd=2 とすればよい．ただし，lty，lwd の l は L の小文字で，= の次の 1 は数字の 1 で，数値は整数のみである．

以下のプログラムを実行すると，図 2-1-9 を得る．

```
x<-c(1,2,3,4,5)
y<-c(2,3,5,7,9)
par(bty="l",pty="s",tck=0.02,las=1,pch="X",lty=2,lwd=2)
plot(x,y,type="b",xlim=c(0.35,9),ylim=c(0.35,9))
```

4) 引数 col, cex, font

引数 col は，描く文字の色や線の色を指定し，引数 cex と font は，文字の倍率と字体を指定する．col=1 ならば黒，col=2 ならば赤である．数字を

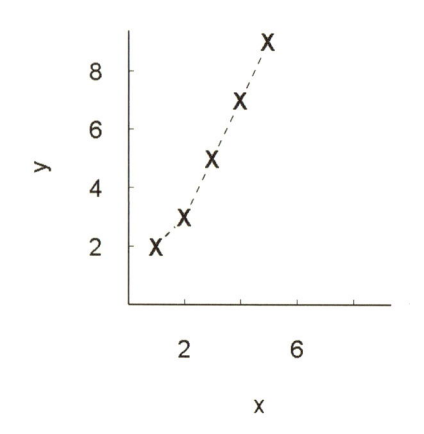

図 2-1-10 引数 cex と font を用いて文字の大きさと字体を変えた場合の出力

変えることによってさまざまな色を指定することができる。col には，col.axis, col.lab もある。col.axis は，座標軸の色の指定であり，col.lab は，座標軸の変数の色の指定である。font=1 ならば標準の字体，font=2 ならば太字，font=3 ならばイタリック，font=4 ならば太字でイタリックである。以下のプログラムを実行すると，図 2-1-10 を得る。座標軸の文字，および，数字の字体と大きさも変わっていることに注意。

```
x<-c(1,2,3,4,5)
y<-c(2,3,5,7,9)
par(bty="l",pty="s",tck=0.02,las=1,pch="X",lty=2,lwd=2,
col=1,cex=2,font=2)
plot(x,y,type="b",xlim=c(0.35,9),ylim=c(0.35,9))
```

5) 引数 mfrow

引数 mfrow は，画面を 2 つ以上同時に表示する場合に使用する。例えば，mfrow=c(2,2) と指定すると，画面は，行方向を 2 分割，列方向を 2 分割で，全体で 4 分割される。mfrow=c(2,1) ならば，行方向のみを 2

分割，mfrow=c(1,2) ならば，列方向のみを2分割する。通常の場合は，mfrow=c(1,1) である。mfrow=c(2,2) として，以下のプログラムを実行してみよう。

```
x<-c(1,2,3,4,5)
y<-c(2,3,5,7,9)
par(bty="l",pty="s",tck=0.02,las=1,pch="X",lty=2,lwd=2,
col=1,cex=2,font=2,mfrow=c(2,2))
plot(x,y,type="b",xlim=c(0.35,9),ylim=c(0.35,9))
plot(x,y,type="l",xlim=c(0.35,9),ylim=c(0.35,9))
plot(x,y,type="p",xlim=c(0.35,9),ylim=c(0.35,9))
plot(x,y,type="n",xlim=c(0.35,9),ylim=c(0.35,9))
```

すると，図2-1-11 を得る。上記の4つの plot は，左上，右上，左下，右下

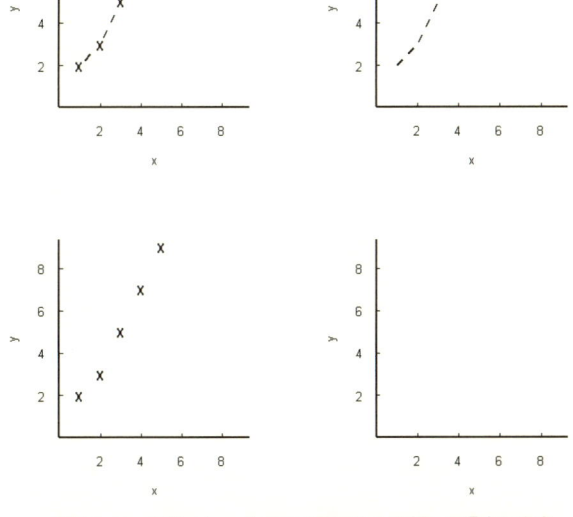

図 2-1-11　引数 mfrow を用いて画面を4分割した場合の出力

の順で出力されている。

関数 par で定義される引数の一部は，plot の引数としても使用可能である。関数 plot の中で使用された場合は，plot 実行の際のみに適用され，それ以外の場合は，関数 par で定義された内容が適用される。

■ 2.1.3 関数 text

関数 text は，引数として，x, y, labels, cex, col, font 等を持つ関数で，x, y で指定された位置に，labels で指定された文字を，cex の倍率，col で指定された色，font で指定された字体で表示する。関数 text を実行するにあたって，まず，座標軸を設定しなけらばならない。

以下のプログラムを実行してみよう。

```
x<-c(1,2,3,4,5)
y<-c(2,3,5,7,9)
par(bty="l",pty="s",tck=0.02,las=1,pch="X",lty=1,lwd=1,
cex=1,font=2,mfrow=c(1,1))
plot(x,y,type="n",xlim=c(0.35,9),ylim=c(0.35,9))
text(x,y,labels=c(1:length(x)))
```

すると，図 2-1-12 を得る。図 2-1-12 においては，点のプロットは数字で表示される。数字の値はデータの番号を示し，1 は 1 番目のデータ，2 は 2 番目のデータを示す。text(x,y,labels=c(1:length(x))) の labels=c(1:length(x)) は，プロットするラベルとして，1 から x のデータ数（length(x) に対応する）の数字を定義している。1:length(x) は，1 から length(x) までの整数を意味する。

次のプログラムを実行してみよう。

```
x<-c(1,2,3,4,5)
y<-c(2,3,5,7,9)
par(bty="l",pty="s",tck=0.02,las=1,pch="X",lty=1,lwd=1,
```

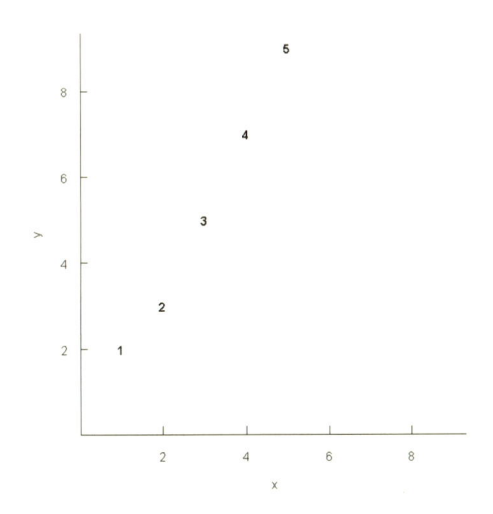

図 2-1-12　関数 text を用いて点プロットの代わりにデータ番号をプロットした場合の出力

```
cex=1,font=2,mfrow=c(1,1))
plot(x,y,type="n",xlim=c(0.35,9),ylim=c(0.35,9))
text(x,y,labels=c("A", "B", "C", "D", "E"))
```

すると，図 2-1-13 を得る（次頁）。今度は，x のデータ数だけ label にアルファベットを割り当て，それを表示している。

今度は，以下のプログラムによって点 (6, 4) の位置に example と表示することを実行してみよう。

```
x<-c(1,2,3,4,5)
y<-c(2,3,5,7,9)
par(bty="l",pty="s",tck=0.02,las=1,pch="X",lty=1,lwd=1,
font=2,mfrow=c(1,1))
plot(x,y,type="n",xlim=c(0.35,9),ylim=c(0.35,9))
text(6,4,labels=c("example"))
```

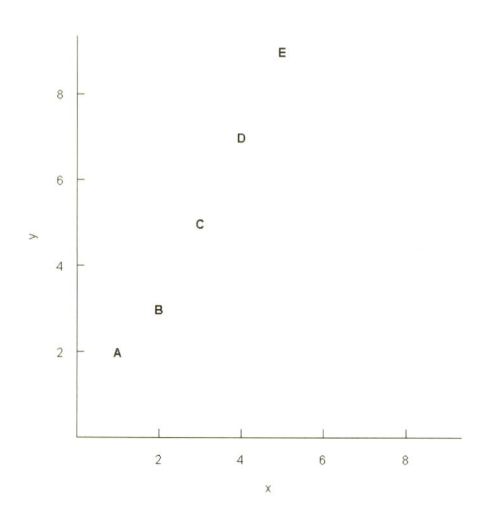

図 2-1-13 関数 text を用いてデータ番号の代わりにアルファベットを使用した場合

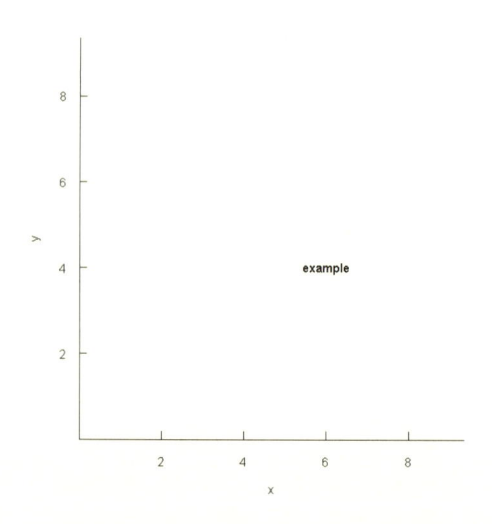

図 2-1-14 関数 text を用いて任意の場所に文字列をプロットする場合

すると，図 2-1-14 を得る。座標が与えられると，関数 text によって望む位置に文字列を表示することが可能になる。

2.1.4 関数 points

関数 points は，既に座標値がプロットされているところに，さらに点のプロットを追加する場合に使用する．例えば，男性に関して身長と体重の関係をプロットした後，同じ座標軸に女性の場合の身長と体重の関係をプロットする場合が挙げられる．関数 points は，引数として，x，y，type，pch，col，cex 等を持つ．引数 x，y は，点をプロットする横座標値と縦座標値，type はプロットの仕方の指定で，点プロットならば type="p"，線プロットならば type="l"，点と線のプロットならば type="b" となる．pch は，プロットする点の種類，col は色の指定，cex は倍率の指定である．関数 par の中で指定される内容と同じである．points の中で pch，col，cex は，その関数の実行に対してのみ適用される．以下のプログラムを実行してみよう．

```
x<-c(1,2,3,4,5)
y<-c(2,3,5,7,9)
par(bty="l",pty="s",tck=0.02,las=1,pch="X",lty=1,lwd=1,
font=2,mfrow=c(1,1))
plot(x,y,type="p",xlim=c(0.35,9),ylim=c(0.35,9))
x2<-c(3,7)
y2<-c(2,5)
points(x2,y2,type="p",pch="Y")
```

すると，図 2-1-15 を得る（次頁）．plot(x,y,type="p",xlim=c(0.35,9),ylim=c(0.35,9)) によって，5 つの点が X でプロットされた後，points(x2,y2,type="p",pch="Y") によって，2 点が Y で追加プロットされている．

2.1.5 関数 lines

関数 lines は，引数として x，y，type，col，lty を持つ．座標値 x，y で指定された点を type で指定された方法で，col で指定された色，lty で指定された線の太さで線を描く．

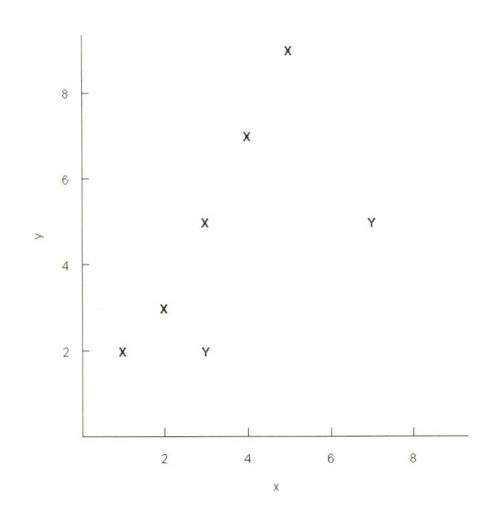

図2-1-15　関数 points を用いてプロットするデータを追加する場合

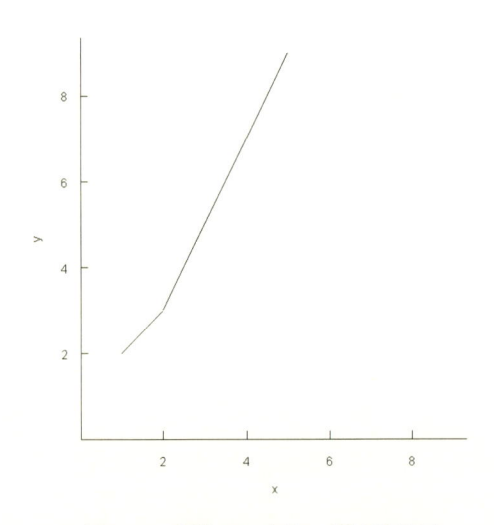

図2-1-16　関数 lines を用いて線を引く場合

以下のプログラムを実行してみよう。

```
x<-c(1,2,3,4,5)
y<-c(2,3,5,7,9)
par(bty="l",pty="s",tck=0.02,las=1,pch="X",lty=1,lwd=1,
mfrow=c(1,1))
plot(x,y,type="n",xlim=c(0.35,9),ylim=c(0.35,9))
lines(x,y)
```

すると，図 2-1-16 を得る。

2.1.6 関数 abline

関数 abline は，直線を描くための関数で，引数として，a, b, h, v 等を持つ。引数 a は切片，b は傾きを示す。abline(a,b) は切片が a, 傾きが b の直線を描く。さらに，引数 h は y 軸に平行な直線の x 座標値，v は x 軸に平行な直線の y 座標値を示す。以下のプログラムによって，関数 $y = 2x + 1$ を描いてみよう。すると，図 2-1-17 を得る。関数 abline(1,2) の最初の引数 1 が

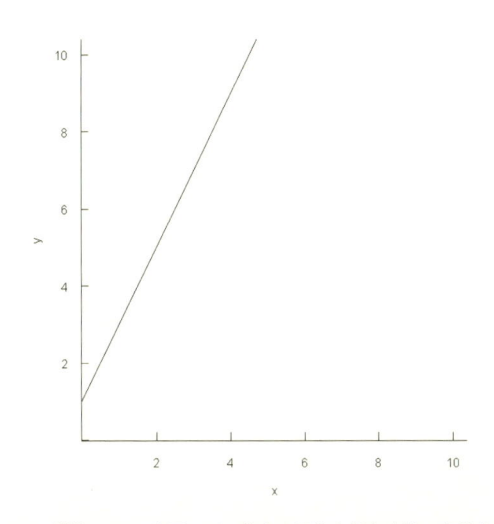

図 2-1-17　関数 abline を用いて，特定の切片と傾きを持つ直線を引く場合

切片，次の引数2が傾きを意味する。

```
par(bty="l",pty="s",tck=0.02,las=1,mfrow=c(1,1))
x<-c(0,10)    #横軸の範囲を指定
y<-c(0,10)    #縦軸の範囲を指定
plot(x,y,type="n",xlim=c(0.39,10),ylim=c(0.39,10))
abline(1,2)
```

同様にして，$x=3$ を通る垂直線は，abline(v=3) とし，$y=2$ を通る水平線は abline(h=2) とすればよい。

■ 2.1.7　関数 identify

関数 identify は，座標軸上にプロットされた点を同定するために使用される。例えば，図 2-1-13 において，C は何番目の人に対応するのかを調べるためには，identify(x,y,n=1) を実行する。実行後カーソルをグラフィックス画面に移動すると，＋記号が表示されるので，同定したい点の位置に＋を移動し，クリックをすると，データ番号が出力される。identify の引数 n は，同定したい点の個数を表す。以下のプログラムを実行してみよう。

identify(x,y) とすると，全ての点の同定を意味するので，＋を全ての点の位置に移動し，各点ごとにクリックを繰り返せば，最終的に全ての点のデータ番号が出力される。

```
x<-c(1,2,3,4,5)
y<-c(2,3,5,7,9)
par(bty="l",pty="s",tck=0.02,las=1,mfrow=c(1,1))
plot(x,y,type="n",xlim=c(0.35,9),ylim=c(0.35,9))
text(x,y,labels=c("A","B","C","D","E"))
identify(x,y,n=1)
```

2.1.8 関数 locator

関数 locator は，引数 n を持つ関数で，locator を実行すると，+のカーソルがグラフィックス画面に表示される．座標軸上の特定の位置に+を移動し，クリックすると，その位置の座標値が出力される．引数 n は，出力したい点の個数を表す．以下のプログラムを実行し，+のカーソルを移動し，クリックしてみよう．

```
x<-c(1,2,3,4,5)
y<-c(2,3,5,7,9)
par(bty="l",pty="s",tck=0.02,las=1,mfrow=c(1,1))
plot(x,y,type="n",xlim=c(0.35,9),ylim=c(0.35,9))
locator(n=1)
```

すると，次のように出力される．

```
$x
[1] 4.000326
$y
[1] 4.933624
```

$x の次の値が横座標値，$y の次の値が縦座標値を示す．そして，locator で指定した座標値を xyvalue<-locator(n=1) とすることによって，xyvalue に保存することができる．

さらに，locator と points，あるいは，text を組み合わせることによって，クリックした位置に望む記号を表示することが可能になる．

```
par(bty="l",pty="s",tck=0.02,las=1,mfrow=c(1,1))
x<-c(0,10)
y<-c(0,10)
plot(x,y,type="n",xlim=c(0.39,10),ylim=c(0.39,10))
```

```
points(locator(n=5),pch="*")
text(locator(n=3),labels=c("A","B","C"))
```

2.2 色の指定

RグラフィックスでR使用する色を指定する方法は，関数 par の中の引数 col を用いる。この際，1) 色番号を使用する場合，2) 色名で指定する場合，3) RGB 表色系で指定する場合，4) HSV 表色系で指定する場合がある。また，明るさを指定する場合は，5) グレースケールが使用される。

2.2.1 色番号

使用する色を色番号で指定する場合，色と番号には以下のような対応関係がある。無色 = 0，黒 = 1，赤 = 2，緑 = 3，青 = 4，シアン = 5，マゼンタ = 6，黄 = 7，灰 = 8 である。

以下のプログラムによって確かめてみよう。

```
par(bty="l",pty="s",tck=0.02,las=1,mfrow=c(1,1))
x<-c(0,10)     # 横軸の範囲を指定
y<-c(0,10)     # 縦軸の範囲を指定
plot(x,y,type="n",xlim=c(0.39,10),ylim=c(0.39,10))
text(1,1, "black",col=1)    # 点 (1,1) に黒色で black と書く
text(1,2, "red",col=2)
text(1,3, "green",col=3)
text(1,4, "blue",col=4)
text(1,5, "cyan",col=5)
text(1,6, "magenta",col=6)
text(1,7, "yellow",col=7)
text(1,8, "grey",col=8)
```

2.2.2 色　名

色を使用する際に，色番号でなく，色名で直接指定が可能である。col=" " という書式で，" " の間に色名を記入すればよい。以下のプログラムを実行してみよう。

```
par(bty="l",pty="s",tck=0.02,las=1,mfrow=c(1,1))
x<-c(0,10)
y<-c(0,10)
plot(x,y,type="n",xlim=c(0.39,10),ylim=c(0.39,10))
text(5,5, "red",col="red")
```

2.2.3 関数 rgb, col2rgb

関数 rgb は，引数 r，g，b を持ち，r は赤，g は緑，b は青を意味する。色を関数 rgb で指定する場合は，赤，緑，青の順で，0 か 1 の間の色で指定する。例えば，赤，緑，青を指定する場合は，順に，col=rgb(1,0,0)，col=rgb(0,1,0)，col=rgb(0,0,1) とすればよい。col=rgb(0,0,0)，col=rgb(1,1,1) は順に黒，白を意味する。黄，シアン，マゼンタであれば，順に，col=rgb(1,1,0)，col=rgb(0,1,1)，col=rgb(1,0,1) とすればよい。さらに，数値を 0 から 1 の間に指定することによって，明るさを指定することができる。1 に近いほど明るく，0 に近いほど暗い色になる。例えば，col=rgb(0.5,0,0) は，中程度の明るさの赤ということになる。col=rgb(0.5,0.5,0.5) が灰を意味する。赤，緑，青の数値が同じ場合は，灰色を意味し，値が 1 に近いほど明るい灰色，0 に近いほど暗い灰色となる。

関数 col2rgb は，色名を RGB の値に変換する関数である。col2rgb("color") の color の位置に色名を指定すると，r，g，b の値が表示される。ただし，数値は 0 から 255 までで表されているので，0 から 1 に変換するためには，255 で割る必要がある。例えば，赤の RGB 値を知りたい場合は，col2rgb("red") を実行すればよい。すると，

```
         [,1]
red       255
green       0
blue        0
```

と表示される。同様にして，col2rgb("purple") によって紫を指定すると，

```
         [,1]
red       160
green      32
blue      240
```

と表示される。各値を255で割った値を使用することによって，col=rgb(r,g,b) の RGB 値に紫の場合の値を代入すれば紫が使用可能となる。

■ 2.2.4 関数 hsv, rgb2hsv

関数 hsv は，引数 h, s, v を持ち，h は色相，s は彩度，v は明度に対応する。各属性は，0から1の数値で示される。色相の場合は，赤，黄，緑，シアン，青，マゼンタ，赤の順で0から1の値になってゆく（赤は0，あるいは，1）。彩度は，1に近いほど高彩度，0に近いほど低彩度を意味する。そして，明度は，1に近いほど明るく，0に近いほど暗くなる。例えば，col=hsv(1,1,1) は，最も彩度が高く，最も明るい赤，col=hsv(1,0.5,1) は，中程度の彩度で最も明るい赤，col=hsv(1,0.5,0.5) は，中程度の彩度で中程度の明るさの赤，col=hsv(0.5,1,1) はシアン，col=hsv(0.333,1,1) は緑，col=hsv(0.666,1,1) は青を意味する。col=hsv(0.167,1,1) は黄，col=hsv(0.833,1,1) はマゼンタを意味する。

以下のプログラムを実行してみよう。

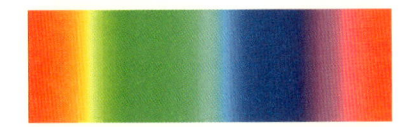

図 2-2-1　hsv 関数で定義される色相の数値と色相の関係

```
par(bty="l",pty="s",tck=0,las=1,col="white",
col.axis="white",pin=c(5,5))
plot(c(0,10),c(0,10),type="n",xlim=c(0.4,10),
ylim=c(0.4,10))
x<-2+c(0:1000)/1000*6
level<-c(0:1000)/1000
for (i in 1:1001) points(c(x[i],x[i]),c(4,8),type="l",
col=hsv(level[i],1,1))
```

すると，図 2-2-1 を得る。

関数 rgb2hsv は，RGB 値を HSV 値に変換する関数で，引数 r, g, b を持つ。例えば，赤（rgb(1,0,0)）を HSV 値に変換するには，rgb2hsv(1,0,0) を実行すればよい。紫の場合であれば先ほどの RGB 値を 0 から 1 の間の値に変換し，rgb2hsv(160/255,32/255,240/255) を実行すればよい。

■ 2.2.5　グレースケール

灰色を表示するために関数 grey がある。関数 grey は，引数 level を持つ。level の値は，0 から 1 の間で変化し，0 は黒，1 は白を意味する。0 から 1 までの数値によって灰色を表す。以下に，グレーレベル 0.8 で直線 $y = 0.5x + 2$ を描く例を示す（次頁，図 2-2-2）。

〈例〉

```
par(pty="s")
x<-c(0,10)
y<-c(0,10)
```

```
plot(x,y,type="n")
abline(2,0.5,col=grey(0.8))
```

図 2-2-2　グレースケール

2.3　形の指定

2.3.1　関数 rect

　関数 rect は，四角形を描くための関数で，x1, y1, x2, y2, border, col を引数に持つ。引数 x1, y1 は四角形の左上の頂点の座標値，引数 x2, y2 は四角形の右下の頂点の座標値である。引数 border は境界線の有無を表し，境界線を描く場合は border=TRUE，描かない場合は border=FALSE とする。引数 col は，四角形を塗りつぶす色を表す。引数は，rect(x1, y1, x2, y2, border, col) の順で定義する。

　以下のプログラムを実行してみよう。

```
par(bty="l",pty="s",tck=0.02,las=1,mfrow=c(1,1))
x<-c(0,10)
y<-c(0,10)
```

```
plot(x,y,type="n",xlim=c(0.39,10),ylim=c(0.39,10))
rect(2,6,4,4,border=TRUE,col=2)
rect(6,6,8,4,border=FALSE,col=3)
```

■ 2.3.2 関数 polygon

関数 polygon は，多角形を描くための関数で，引数として，x, y, density, angle, border, col を持つ．引数 x, y は多角形の各頂点の座標値を示すベクトルで，引数 density は多角形の内側に影をつける場合の線の密度を表し，引数 angle は影をつける線の角度を表す．線の密度は，1 インチ内の線の本数で表し，角度は反時計回りに度で表す．引数 col は色の指定を表す．

```
par(bty="l",pty="s",tck=0.02,las=1,mfrow=c(1,1))
x<-c(0,10)
y<-c(0,10)
plot(x,y,type="n",xlim=c(0.39,10),ylim=c(0.39,10))
x<-c(2,4,10,6)
y<-c(4,8,6,2)
polygon(x,y,border=FALSE,col=2)
```

また，locator を使用すれば，自分の望む多角形を描くことができる．

以下に示すプログラムを実行して，locator 用のカーソルである + を使用し，6 つの頂点を自由に選んで 6 角形を作ってみよう．

```
par(bty="l",pty="s",tck=0.02,las=1,mfrow=c(1,1))
x<-c(0,10)
y<-c(0,10)
plot(x,y,type="n",xlim=c(0.39,10),ylim=c(0.39,10))
polygon(locator(n=6),border=TRUE,col=4)
```

2.3.3 関数 grid.circle

円は，libraryからgridというパッケージを呼び出して，以下のようにして描くことができるが，目盛りの単位が異なるので，目盛りの単位を変換する必要がある．

```
library(grid)
par(bty="l",pty="s",tck=0.02,las=1,mfrow=c(1,1))
x<-c(0,10)
y<-c(0,10)
plot(x,y,type="n",xlim=c(0.39,10),ylim=c(0.39,10))
grid.circle(x=0.4, y=0.4, r=0.2, default.units="npc")
```

関数polygonを利用して，円を作成することもできる．円の中心座標をx_1, y_1, 円の半径をrとすると，例えば，$x_1=5$, $y_1=5$, $r=3$の円は，以下のようにして描くことができる．

```
x1<-5
y1<-5
r<-3
x2<-c(0:100)/100*2*r-r
# 点(0,0)を中心とする半径rの円の横座標値
y21<-sqrt(r^2-x2^2)
# 点(0,0)を中心とする半径rの円の上半分の縦座標値
y22<--y21
# 点(0,0)を中心とする半径rの円の下半分の縦座標値
x3<-c(x2+x1,x2+x1)
# 点(x1,y1)を中心とする半径rの円の横座標値
y3<-c(y21+y1,y22+y1)
# 点(x1,y1)を中心とする半径rの円の縦座標値
par(bty="l",pty="s",tck=0.02,las=1,mfrow=c(1,1))
```

```
x<-c(0,10)
y<-c(0,10)
plot(x,y,type="n",xlim=c(0.39,10),ylim=c(0.39,10))
polygon(x3,y3,border=FALSE,col=2)
```

同様にして，楕円を描くことも可能である。楕円に関しては，後の章を参照。

R プログラミング   3

3.1 繰り返し文と条件文

図を描くにあたり,同じ図を場所を変えて繰り返して描いたり,条件によって描く図形を変えたりする状況が生じてくる。ここでは,そのような状況を記述する for 文と if 文, ifelse 文, および, while 文について学ぶ。

3.1.1 for 文

for 文は繰り返し文で,同じ処理を異なったオブジェクトに繰り返して行う。例えば,

```
sumx<-0
for (x in 1:5)   sumx <- sumx+x
```

というプログラムについて考えてみよう。

```
for (x in 1:5)
```

が for 文に当たり,x が 1 から 5 まで変化する間,

```
sumx<-sumx+x
```

という処理を繰り返す。これは,式の右側の 2 つのオブジェクトを足した値 (sumx+x) を式の左側のオブジェクト (sumx) に保存せよということを意味する。はじめに

ナカニシヤ出版 教育関連図書案内

〒606-8161
京都市左京区一乗寺木ノ本町15番地
tel. 075-723-0111
fax. 075-723-0095
URL http://www.nakanishiya.co.jp/
＊価格は2009年2月現在の税込価格です。
＊最寄りの書店にご注文下さい。

教育学の基礎
田中圭治郎編著　2730円

乳・幼児期から高齢期にいたる人間の成長に沿って教育学を展開し、人間が生涯にわたりいかに充実して生きるべきかを学習の視座から見直す。

教育学の基礎と展開 [第2版]
相澤伸幸著　1995円

教育の諸現象をしっかりと見据えたうえで、教育の基本原理から現状における展開まで解説した好評書。教育基本法・学校教育法改正に対応した第2版。

時代と向き合う教育学 [改訂版]
竹中暉雄・中山征一・宮野安治・德永正直著　2625円

教育の本質・理念・目的や、「脳と教育」などの基本のうえに、いじめ・平和・環境など、教育が抱える問題に正面から取り組んだ新時代の教育学。

佛教大学教育学叢書
道徳教育の基礎
田中圭治郎編著　2730円

道徳教育の思想と歴史、そして日本における道徳教育の実践を詳述し、教育に今何が求められているのか、人格陶冶とは何かということに応える。

道徳教育の可能性
その理論と実践
中戸義雄・岡部美香編著　2415円

いったい道徳教育は可能なのか。道徳を普遍的な「もの」ではなく関係の中の「こと」と位置づけ、道徳教育を具体例から考察、紹介する。

臨床教育学への視座
毛利 猛著　2310円

教師と子どもたちがますます追いつめられている。教える／教えられるという教育の両義性に踏みとどまり、現場の困難に向き合う理論を構築する試み。

習熟度別指導・小中一貫教育の理念と実践
西川信廣著　2100円

習熟度別指導・小中一貫教育を実践している現場の教師たちの目標と取組み、またその評価とは。個に応じた指導に対する取組みを詳解。

学級づくり
ニュージーランド教育現場から387の提案
マーティン・ヴァン・デア・クレイ著／塩見邦雄監訳　1575円

効果的な学びを保証できる先生になりたい！　よい学級づくりには何が必要？　生徒が自発的に勉強する学習環境とは？　イラストを交えて楽しく解説。

明日の教師を育てる
インターネットを活用した新しい教員養成
鈴木真理子・永田智子編　2625円

インターネットを活用して、現職教師や外部の専門家、また学生同士が関わりあいながら成長していくことをめざす、新しい教員養成を提案する。

特別支援教育の理念と実践
早期から望ましい行動を育むために
コレット・ドリフテ著／納富恵子監訳　2100円

子ども達の不適切な行動を減らし、望ましい行動を育むには。インクルージョンの理念に基づくケーススタディから、個に応じた支援を実践的に学ぶ。

特別支援教育における教育実践の方法
菅野 敦・宇野宏幸・橋本創一・小島道生編　2625円

通常学級におけるユニバーサルデザインや、特別支援学級・特別支援学校・特別支援教育コーディネーターの役割と連携など、必須情報を網羅。

【増補版】障害臨床学
中村義行・大石史博編　2310円

障害児を持つ親の心理や中途障害の問題をはじめ、様々なトピックを豊富な図表と写真で紹介。特別支援教育や軽度発達障害などの解説を追加。

発達障害のある子どもの自己を育てる
内面世界の成長を支える教育・支援
田中道治・都筑 学・別府 哲・小島道生編　2520円

障害をもつ子どもたちの文脈にあわせてその豊かな「自己」を育む方法を、理論と実践をもとに障害別・発達段階別にていねいに解説する。

多文化社会の葛藤解決と教育価値観
加賀美常美代著　5250円

日本社会のグローバル化が進む中で、異文化間の教育場面で生じやすい日本人教師と留学生との葛藤の原因と、解決のメカニズムを探る本格的実証研究。

異文化間教育学の研究
小島 勝編著　5985円

海外子女教育、帰国子女教育、留学生教育など、教育の国際化に関する研究を「異文化間教育学」として体系化、学問としての枠組みの構築をめざす。

留学生アドバイジング
学習・生活・心理をいかに支援するか
横田雅弘・白土 悟著　3675円

グローバル化のもと、ますます増加する「留学生」に大学はどう対応すればよいのか。受け入れの現状、教育のあり方など留学生をめぐる諸問題を考察。

情動知能を育む教育
「人間発達科」の試み
松村京子編　1890円

子ども達の「生きる力」を育む。学校教育で、学力はもちろん情動知能や養護性を育むにはどうすればよいのか。人間発達科の授業実践を生き生きと解説。

おいしい授業の作り方
杉浦 健著　1575円

授業のポイントを「せりふ」にして書き込む「シナリオ型指導案」作成のイロハを解説。授業作りの基礎、授業を盛り上げるコツとは。教育実習生必携。

芸道の教育
安部崇慶著　2520円

教育の理念や制度、教師の職能等「教育」そのものは「日本」という土壌にふさわしいのか。日本の伝統教育、芸道の教育に照らし考察する。

先生のためのアイディアブック
協同学習の基本原則とテクニック
ジェイコブズ他著／関田一彦監訳　2100円

生徒間の協同は教室に活気を与え、ともに学ぶ効果を高める。その意義をおさえつつ、生徒間協同の原理と技法を具体的かつ実践的に解説する。

書名	内容
実践・LTD話し合い学習法 安永 悟著 1785円	仲間との対話を通して学び合う効果的な学習法の理論と実践を解説。読む力・考える力・話す力を育み，学びの楽しさを再発見するための学習法入門書。
ファシリテーター・トレーニング 津村俊充・石田裕久編 2310円	対人関係能力育成の手法であるラボラトリー・メソッドによる体験学習の基礎知識など，ファシリテーション・スキル養成のための基本的枠組みを提供。
学校に生かすカウンセリング[第2版] 学びの関係調整とその援助 渡辺三枝子・橋本幸晴・内田雅顕編 2310円	カウンセリングが求められる背景から，児童・生徒との関係の中での生かし方まで，具体的事例をもとに解説。現行の教育改革・新教育課程に対応した第2版。
学校心理学入門シリーズ1 **ブリーフ学校カウンセリング** 市川千秋監修 1890円	近年注目の解決焦点化アプローチに基づく学校カウンセリング入門。伝統的な医療・治療モデルから，解決構築モデルへの転換の試み。
学校心理学入門シリーズ2 **授業改革の方法** 市川千秋監修 2205円	少人数授業やバズ学習・協同学習，当日ブリーフレポート方式などさまざまな授業の方法を解説。教育現場の最前線から，新しい授業のあり方への提言。
学校の時間制限カウンセリング 上地安昭編著 3150円	学校という環境を最大限に活かし，人間性豊かな心を育むための学校カウンセリング。学校での実践のため，時間を制限して行う最新の技法を提示。
学校カウンセリングの理論と実践 佐藤修策監修 2625円	不登校から軽い障害をもつ子どもまで学校における心理臨床学的支援の実際と，ナラティブ・セラピーなど開発的支援の実際などを解説。
学校カウンセリング 田上不二夫監修／中村恵子編著 1575円	シリーズ子どもと教師のための教育コラボレーション第II巻。歴史や教師との協同，学校環境のあり方などを解説し，適応援助の公式化をめざす。
ガイドライン **発達学習・教育相談・生徒指導** 二宮克美・宮沢秀次ほか著 2100円	子どもの発達の様子や教育・学習の仕組みなどを図表入りでわかりやすく解説。教員や教職を目指す学生，子育て中の皆さんのために。
教師のための学校教育相談学 岡田守弘監修／芳川玲子ほか編著 2520円	子どもの問題の多様化，保護者の意識の鋭敏化など厳しい現状の中，適切な児童・生徒理解のための基準となる心理学的知識体系を解説。
教育相談・学校精神保健の基礎知識[第2版] 大芦 治著 2310円	教育相談，臨床心理学などの用語の解説をはじめ，基本的な知識の徹底をはかる。教職課程履修者，さらには現場の教師にとって待望の書。
大学生の勉強マニュアル フクロウ大学へようこそ 中島祥好・上田和夫著 1575円	何が面白いかは自分で見つけよ。無駄に時間を過ごすな。リベル教授とロゴス准教授が熱く温かく新入生を迎える。大学生はもちろん，教育関係者必読！
文章作法入門 為田英一郎・吉田健正著 1680円	大学生・大学院生がレポート・論文を書くために必要な文章作法を，構成の立て方，文の作り方，引用の仕方など，初歩の初歩から親切に指導する。

書名	内容
個に応じた学習集団の編成 アイルソン&ハラム著/杉江修治他訳 2940円	クラス編成の方法は実際に生徒にはどのように影響するのか。質問・観察・テスト結果・教師と生徒のもつ感想などの多彩なデータから具体的に検証する。
小学校における「縦割り班」活動 毛利 猛編 2100円	「異年齢集団活動」の一つとして注目される「縦割り班」活動。その取り組みの意義、現状と課題、具体的方法を分かりやすく取り上げた初の解説書。
大学 学びのことはじめ 佐藤智明・矢島 彰・谷口裕亮・安保克也編 1995円	学生に必須のキャンパスライフ、スタディスキルズ、キャリアデザインの基礎リテラシーをカバー。書き込み式。教員専用マニュアル有。
学生と変える大学教育 FDを楽しむという発想 清水 亮・橋本 勝・松本美奈編著 3360円	大学生の顔がみえる教育の現場から届いた数々の実践を一挙公開。大学の「理想」ではなく「現実」と向き合わなければならない人々に捧ぐ応援歌!
子どもの発達と学校 宮川充司・大野 久・大野木裕明編著 2310円	生涯発達の視点から、学校が子どもたちの発達と学習を支える場であることを再確認。ハンディキャップなどの状況変化と、日本の今後のあり方を問う。
問題行動と学校の荒れ 加藤弘通著 5775円	豊富な実証研究をもとに、問題行動を変化・発達するものと捉える視点から、そのメカニズムを詳しく検証。指導実践への示唆を与える。
世界の創造性教育 弓野憲一編 2520円	子どもの創造性を育む教育とはどのようなものか。世界各国の教育制度や具体的な取り組みを紹介し、21世紀の教育の新たな展望を示す。
生きる力をつける教育心理学 速水敏彦・吉田俊和・伊藤康児編 2310円	教育心理学的知見から、現代の教育目標への提言の可能性。発達・学び・関係を見る目、今ある事態から将来を見通す目を現場に取り戻すために。
教育心理学エッセンシャルズ 西村純一・井森澄江編 2310円	教師を志す学生や教育に関心のある人のための教育心理学への入門書。教育の現実を理解し、教育実践を行う上で必要な基本的・基礎的な知識を網羅する。
職員室の社会心理 学校をとりまく世間体の構造 林 理・長谷川太一・卜部敬康編 2310円	一般企業で起こる問題は職員室でも起こる。本書では、職員室で共有される奇妙な常識などをもとに、職員室の現象を社会心理学の視点で分析する。
キャリア発達論 青年期のキャリア形成と進路指導の展開 柳井 修著 2730円	仕事を通しての個人の生き方までを見通した教育をどう実現するか。中・高・大の進路指導を中心に考察。
新版 キャリアの心理学 キャリア支援への発達的アプローチ 渡辺三枝子編著 2100円	キャリア・カウンセリングの基盤となるキャリア発達の理論を、代表的研究者を取り上げて解説。心理学の基礎的概念の解説や新しい潮流を加えた第2版。
キャリア・パスウェイ N.E.アムンドソン&G.R.ポーネル著/河崎智恵監訳 2100円	世界5ヶ国で使われているキャリアプログラム「キャリア・パスウェイ」の翻訳。ワークシートを用いる革新的プログラムで、キャリア指導に最適。

```
sumx<-0
```

と定義されているので，x=1 のとき，sumx+x=1 となり，この値が左辺の sumx の値となる。すなわち，sumx=1 となり，for 文を1回行うことによって，sumx は0から1に値が変化する。次に，x=2 のとき，sumx+x=1+2=3 となり，式の左側の sumx の値は，1から3に変わる。次に，x=3 のとき，sumx+x=3+3=6 となり，sumx=6 となる。sumx=6 という値は，x の値を1から3まで足した値を意味する。すなわち，上の for 文は，x の値の総和（sum）を求めるためのプログラムであったわけである。for 文は，一般的に for( ) の後に来る式が for 文の対象になり，for ( ) の ( ) の中で，繰り返されるオブジェクトを定義する。for 文の対象になる式が2つ以上ある場合は，for () { } という形式で表し，式は，；で区切るか，行を変えて記述する。以下の例をみてみよう。

```
sumx<-0
sumxx<-0
for (x in 1:3){ sumx<-sumx+x; sumxx<-sumxx+x^2}
```

あるいは，

```
sumx<-0
sumxx<-0
for (x in 1:3){ sumx<-sumx+x
sumxx<-sumxx+x^2
}
```

というように改行して記述する。x^2 は x の2乗という意味である。よって，sumxx は，x の2乗和を計算していることになる。

今度は，縦の長さが4ピクセル，横の長さが1ピクセルの5色（黒・赤・緑・青・シアン）の長方形を，0.5ピクセルの間隔を空けて5個横に描いてゆく

プログラムを考えてみよう。

```
par(bty="l",pty="s",tck=0.02,las=1,mfrow=c(1,1))
x<-c(0,10)
y<-c(0,10)
plot(x,y,type="n",xlim=c(0.39,10),ylim=c(0.39,10))
tate<-4
yoko<-1
kankaku<-0.5
x0<-1
y0<-7
for (i in 1:5){
x1<-x0+(yoko+kankaku)*(i-1)
x2<-x1+yoko
y1<-y0
y2<-7-tate
rect(x1,y1,x2,y2,col=i)
}
```

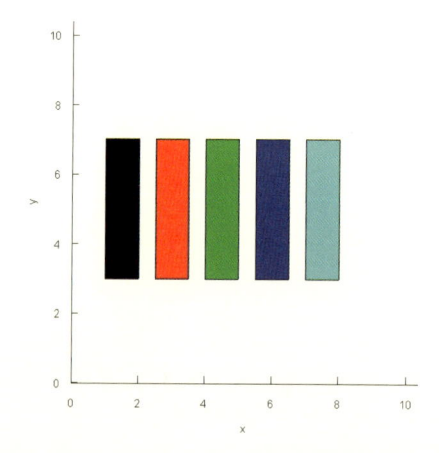

図3-1-1　for文を用いて複数の長方形を描く

上のプログラムにおいて，x0, y0 は，一番左にある長方形の左上の頂点の座標を表す．上のプログラムを実行すると，図 3-1-1 を得る．

■ 3.1.2 if 文

if 文は，条件によって処理を変えるときに使用する．例えば，上に示した長方形を描くプログラムにおいて，x2 > 5.5 のときには緑，それ以外のときには赤で長方形を描く場合，以下のプログラムとなる．

```
x0<-1
y0<-7
yoko<-1
tate<-4
kankaku<-0.5

for (i in 1:5){
x1<-x0+(yoko+kankaku)*(i-1)
x2<-x1+yoko
y1<-y0
y2<-7-tate
if(x2 > 5.5 ) rect(x1,y1,x2,y2,col="green") else rect(x1,y1,x2,y2,col="red")
}
```

上のプログラムが示すように，if 文では，if ( ) の ( ) の中に条件文を示し，条件が満たされる場合，if ( ) の次の式が実行される．そして，満たされない場合，else の次の式が実行される．

if 文の場合，条件式のオブジェクト（上の例では x2）は，ベクトルや行列ではなく，スカラーである必要がある．if 文の条件式で使用されるオブジェクトがベクトルや行列の場合は，その中の特定の要素を指定する必要がある．以下の例を参照．

```
x<-c(1,3,6,8);X<-matrix(x,ncol=2,byrow=T)
for (i in 1:4)if(x[i]<4)x[i]<-0
for (i in 1:2)for (j in 1:2)if(X[i,j]<4)X[i,j]<-0
```

これに対して，次の ifelse 文では，条件式のオブジェクトはベクトルであってもよい．また，if 文の条件式の中に 2 つ以上の条件がある場合は，&&，あるいは，|| でつなげればよい．If (条件式 1&& 条件式 2) は，条件式 1 と 2 が同時に満たされた場合，if 文で指定される内容が実行される．If (条件式 1|| 条件式 2) は，条件式 1，あるいは，条件式 2 が満たされた場合，if 文で指定される内容が実行される．

■ 3.1.3　ifelse 文

関数 ifelse は，ifelse(式 1，式 2，式 3) の形をしており，式 1 が成り立てば式 2 が実行され，成り立たなければ式 3 が実行される．以下のプログラムを実行してみよう．

```
x2<-c(2,4,6,8)
ifelse(x2>5.5,x2-2,x2+2)
#x2>5.5 ならば，x2-2 を実行し，そうでなければ x2 + 2 を実行する
```

■ 3.1.4　while 文

while 文は while( ) { } の形式で使用され，( ) 内の条件文が満たされる限り { } 内の内容が実行される．for 文の場合は繰り返しの回数が前もって決まっているが，while 文の場合はそれを前もって決める必要はない．

```
sumx<-0
i<-1
x<-1:100
```

```
while(sumx<100){
sumx<-sumx+x[i]      #x の総和を計算
i<-i+1      # くり返しの回数をカウントしている
}
```

3.2 入 出 力

3.2.1 入 力 文

関数 scan は，指定したディレクトリからプログラムファイルを呼び出すときに使用した。ここで説明する関数 readline，および，readLines は，プログラムを実行中にコンソール画面から入力をするためのコマンドである。readline は 1 行のみの入力の場合に使用し，readLines は 1 行以上の場合の入力に使用する。readline(" ") の " " で，非実行文を記入することができる。例えば，入力内容の説明に使う。readLines( ) の ( ) の中には，入力される行数を記入する。readline も readLines の場合も入力された内容は，数字の場合も文字として扱われるので，数字を数字として扱いたいときには，関数 as.numeric を利用して，数字扱いに変更する。以下を参照。

```
x<-as.numeric(readline("Input item"))
```

1 行のみの入力。コメント文を表示可。

```
x<-as.numeric(readLines(n=3))
```

n で入力行数を指定。この場合は 3 行の入力。

画像データの入力も可能である。インターネットに接続して後，Rgui 画面のメニューバーの「パッケージ」をクリックし，「パッケージのインストール」をクリックする。すると，CRAN mirror という画面が出てくるので，その中から R 言語のミラーサイトを 1 つ選び（例えば Japan (Tsukuba)），「OK」をクリ

ックする．そして，>utils::menu InstallPkgs() がR画面に表示され，Packagesという新しい画面が表れる．その中からrimageを選び，「OK」をクリックする．再び，メニューバーの「パッケージ」をクリックし，「パッケージの読み込み」をクリックし，rimageを選択し，「OK」をクリックする．
　すると，

```
> local({pkg <- select.list(sort(.packages(all.available
= TRUE)))
+ if(nchar(pkg)) library(pkg, character.only=TRUE)})
```

が表示される．これによって，画像データを入力するための関数read.jpegが使用可能となる．

```
x<-read.jpeg(system.file("data", "cat.jpg", package=
"rimage"))
plot(x)
```

を実行すると，猫の画像が表示される．Rgui画面のメニューバーにある「ヘルプ」をクリックし，さらに，「Htmlヘルプ」をクリックする．そして，出てきた画面の中からPackagesをクリックし，さらに，rimageをクリックすれば，rimageのさまざまな関数の説明が見られる．独自の画像を表示するためには，独自の画像をfigure1.JPGとすれば，その画像があるディレクトリーに移動し，

```
x<-read.jpeg("figure1.JPG")
plot(x)
```

を実行すればよい．関数read.jpegは3.5アンケート画面の作成で具体的に使用されているので，詳しくは，3.5を参照．

3.2.2 出力文

関数 print は，プログラムの中で出力をしたいときに使用する。引数は1つのみで，2つ以上のオブジェクトを出力したいときは，関数 cbind を利用すればよい。

```
print(x)
print(cbind(x,y))
```

関数 write は，出力をテキストファイルに出力したいときに使用する。いま，出力したい行列データを x とする。以下に出力の例を示す。write 文では，行列が転置されて出力されるので，t(x) にして，前もって転置しておくと，転置されない形で出力される。out1.txt は，出力するファイル名である。ncolumns でコラム数を指定する。例では5列で出力される。append は T にすると，同じファイル名を使用する場合は出力は追加されるが，append=F とすると，同じファイル名でも更新されて出力される。

```
write(t(x), file="out1.txt", ncolumns=5, append=T)
```

関数 write.table は，出力をエクセルワークシートに出力したいときに使用する。x は出力したいオブジェクト名で，out2.xls は出力したいエクセルワークシート名である。append は，T とすれば更新されず追加され，F とすれば更新される。そして，行名や列名を出力したいときは，col.names=T, row.names=T とすればよい。「sep="\t"」は，データの区切りを tab で行うことを表す。

```
write.table(x, file="out2.xls", append=T, col.names=F,
row.names=F, quote=F, sep="\t")
```

3.3 時間制御

3.3.1 関数 proc.time

関数 proc.time は，CPU の使用時間を表示する。これを利用してある時間内にかかった所要時間を計ることができる。proc.time は，1/100 秒までの時間を表示する。proc.time( ) を実行すると，以下に示すように，5 つの出力が表示される。そのうち，左から 3 番目の数字 (4766.60) が CPU 経過時間である。すなわち，4766.60 秒ということになる。

```
[1]     0.77    2.10 4766.60       NA       NA
```

time1<-proc.time()[3] と time2<-proc.time()[3] を異なる時期に実行して time2-time1 を計算すると，2 つの実行時の時間差が計算できる。

3.3.2 関数 Sys.sleep

決められた時間の間，作業を中止する。秒で指定。Sys.sleep(5) を実行すると，5 秒間の間システムは休止する。これは，ある刺激を 5 秒間提示し，その後は，別の刺激を提示するような場合に使用する。

3.4 独自の関数の作成

3.4.1 円を描くための関数 circle

何度も使用する可能性のあるプログラムは，関数として定義しておくと便利である。例えば，前述した円を描くプログラムは，円の中心座標，半径を変えて描く可能性が高い。そのような場合，円を描くプログラムを，例えば，関数 circle として以下のように定義しておく。

```
circle<-function(x1,y1,r,color){
    #x1, y1 は，円の中心の座標値，r は円の半径，color は円の色を表す
    x2<-c(0:100)/100*2*r-r
```

```
        #x2は-rからrまで1／100のステップで変化する
        y21<-sqrt(r^2-x2^2)
        #原点を中心とする半径rの円の上半分のy座標値
        y22<--y21    #原点を中心とする半径rの円の下半分のy座標値
        x3<-c(x2+x1,x2+x1)
        #円の中心のx座標がx1であるときのx座標値
        y3<-c(y21+y1,y22+y1)
        #円の中心のy座標がy1であるときのy座標値
        par(bty="l",pty="s",tck=0.02,las=1,mfrow=c(1,1))
        x<-c(0,10)     #xのとりうる範囲の指定
        y<-c(0,10)     #yのとりうる範囲の指定
        plot(x,y,type="n",xlim=c(0.39,10), ylim=c(0.39,10))
        #座標軸の設定
        polygon(x3,y3,border=FALSE,col=color)    #円を描く
}
```

上に示すように，関数 function は，関数名 <-function(引数){ } の書式で定義される。関数名の箇所に新しく定義した関数名（例えば，circle）を書き，そして，次の ( ) の中に関数で使用する引数（例えば，円の中心座標値 x1, x2, そして，半径 r）を書き，そして，function の次の { } の中で関数を定義するわけである。

上の関数を実行するには，以下のようにすればよい。例えば，円の中心の座標が (5, 4)，半径が 3 であれば，

```
x1<-5
y1<-4
r<-3
color<-"red"
circle(x1,y1,r,color)
```

とすればよい．ただし，新しく定義した関数は，それを実行する前に，関数そのものを R に読み込んでおく必要がある．

■ 3.4.2　2 次曲線を描くための関数 curve2

次に，2 次曲線 $y = ax^2 + bx + c$ を描く関数を定義してみよう．

```
curve2<-function(a1,b1,c1){
    par(bty="l",pty="s",tck=0.02,las=1,mfrow=c(1,1))
    x<-c(-20,20)
    y<-c(0,40)
    plot(x,y,type="n",xlim=c(-20,20),ylim=c(0,40))
    x2<-c(0:100)/100*20-10
    y2<-a1*x2^2+b1*x2+c1
    points(x2,y2,type="l")
}
```

```
a1<-0.3
b1<-0
c1<-0
curve2(a1,b1,c1)
```

これを実行すると，$y = 0.3x^2$ の曲線を描いてくれる．

■ 3.4.3　統計の関数 sort.list2

データを並べ替える関数として関数 sort をすでに説明した．関数 sort は，ベクトルの形で定義されたオブジェクト内のデータの並べ替えを行う．ここでは，行列の形で定義されたオブジェクト内のデータの並べ替えについて考えてみよう．次に示す関数 sort.list2 は，行列データが与えられているとき，その中のある列を大きさの順に並べたときに，その順に従って他の列の数値も並

べ替えをしたいときに使用する。

```
sort.list2<-function(x,y){
    #xはベクトルで，yはベクトル，あるいは，行列
    #xを小さい順に並べ替え，それに基づき，
    #yの行を並べ替える
    outseq<-sort.list(x)     #sort.list(x)は，xの各要素を
    #小さい順に並べ替えた時の順番を出力する
    outy<-y
    if(is.vector(y))  outy<-y[outseq]
    #yがベクトルの時の処理
    #yが行列ならば，以下の処理を行う
    if(is.matrix(y)) {
      nc<-ncol(y)       #yの列数
      for(j in 1:nc)  outy[,j]<-y[outseq,j]
    #yのj列をoutseqで定義された順番に入れ#替える
    }
    print(outy)      #outyを出力する
}
```

以下の例を見てみよう。行列データ X が以下のように与えられているとする。

```
x
     [,1]  [,2]  [,3]  [,4]
[1,]   1    4    7    8
[2,]   6    3   10    5
[3,]   2   12    2    9
```

これを，1列目を小さい順に並べ，それに従って他の列も並べ替えしたいと

きには，

```
sort.list2(x[,1],x)
```

とする。すると，以下の出力を得る。

```
     [,1]  [,2]  [,3]  [,4]
[1,]  1     4     7     8
[2,]  2    12     2     9
[3,]  6     3    10     5
```

■ 3.4.4　錯視実験用の関数 sakushi

次に，心理実験用の関数を作ることを考えてみよう。以下に垂直水平錯視用の関数 sakushi を示す。垂直水平錯視とは，図 3-4-1 において AB の長さと CD の長さが物理的に等しいとき，AB の長さの方が CD の長さより長く見える現象である。

```
sakushi<-function(){
library(graphics)    # グラフィックスライブラリーの読み込み
x<-c(0,100)
y<-c(0,100)
#horizpntal length=60p    #CDの長さ=60ピクセル
par(xaxt="n",yaxt="n")    # 座標軸を描かない
par(pty="s",tck=0,cex=0.0001)
# 座標軸の目盛を0にし，座標軸のラベルの文字を小さくして，見えない
# ようにする
plot(x,y,type="n")
rect(-200,-200,200,200,col="grey",border=FALSE)
# 画面の背景をgreyの四角形にする
```

```
rect(90,90,100,100,col=5,border=FALSE)
# 色番号 5 を用いて (90,90) の位置に正方形を描く
par(cex=1)     # 文字の大きさを標準の大きさに戻す
text(95,95,"END",col=1)     # (95,95) の位置に END と書く
lines(c(20,80),c(20,20),col=1,lwd=3)     # 線分 CD を描く
text(15,20,"C");text(85,20,"D")
# 線分 CD に ,C,D のラベルを書く
lines(c(50,50),c(20,60),col=1,lwd=3)
text(50,65,"A");text(50,15,"B")
y1<-60
x1<-50
while(x1<90){
#(x1<90) の間は {} 内をくり返す
# (END をクリックしない限り，{} 内をくり返すことを意味する)
y2<-y1
p<-locator(1)     #locator を使用して A の位置を調整
par(pty="s",tck=0,cex=0.0001)
plot(x,y,type="n")
rect(-200,-200,200,200,col="grey",border=FALSE)
rect(90,90,100,100,col=5,border=FALSE)
par(cex=1)
text(95,95,"END",col=1)
lines(c(20,80),c(20,20),col=1,lwd=3)
text(15,20,"C");text(85,20,"D")
y1<-p$y     #locator によって指定された位置の y 座標
x1<-p$x     #locator によって指定された位置の x 座標
if(x1< 90 ){lines(c(50,50), c(20,y1), col=1, lwd=3)
     text(50,y1+5,"A"); text(50,15,"B")
}
# 調整された A の位置をもとに線分 AB を新しく描く
```

```
if(y1>90 && x1>90){lines(c(50,50),c(20,y2),col=1,
                         lwd=3)
    text(50,y2+5,"A"); text(50,15,"B")
    # 最終的に調整された線分 AB を描く
    AB<-y2-20;AB<-round(AB,1)
    print(cbind(AB))        # 最終的な AB の長さを出力
    }
  }
}
```

そして，

```
sakushi()
```

とすることによって，これを実行すると，図 3-4-1 に示す図が表示される。

被験者の課題は，AB の長さと CD の長さが等しく見えるように，AB の長さ

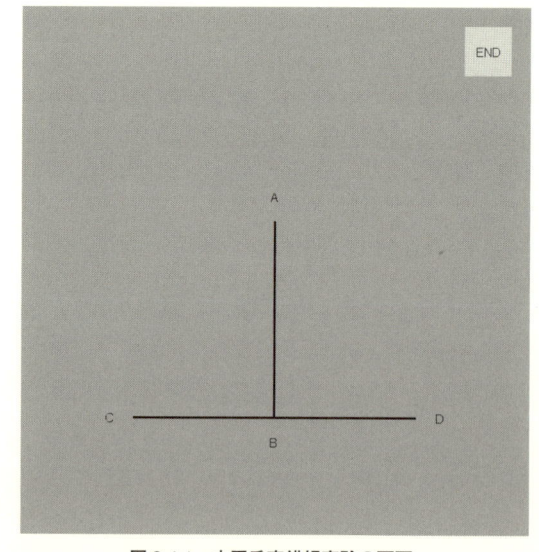

図 3-4-1　水平垂直錯視実験の画面

を調整することである。錯視のプログラムを実行すると，+のカーソルが表示される。そこで，+のカーソルを使用して，AB = CD となるように A の位置（AB の長さ）を調整する。AB の長さをいろいろと調整し，AB の長さと CD の長さが等しく見えたら，右上の END をクリックすると，プログラムが終了し，コンソール画面に最終的な AB の長さが表示される。CD の物理的長さは，60 ピクセルであるので，AB の長さが 60 よりも短ければ錯視が生じたことになる。

■ 3.4.5　パラメータ推定のための関数 paraest

以下に示す関数 paraest は，x 軸と y 軸の座標が

```
x<-c(1,2,3,4,5,6)
y<-c(6.3,14,24,38,52,70)
```

の時，$\hat{y}=a_0 x^{b_0}+c_0$ という関数を当てはめる際に行なうパラメータ a_0, b_0, c_0 の推定のための関数である。引数 a1，a2 は，a_0 を推定する際の初期値と増分である。例えば，a_1=1.0，a_2=0.2 とすると a_0 の値は a_0=1 から a_0=1.2，a_0=1.4，… と変化させてゆく。b1，b2，c1，c2 は，b_0，および，c_0 の初期値と増分を意味する。

```
paraest<-function(x,y,a1,a2,b1,b2,c1,c2){
minrms<-10000     #rms の最小値の初期値の設定
for (i in 1:11) for (j in 1:11) for (k in 1:11){
a0<-a1+a2*(i-1)    #a0 を体系的に変えてゆく
b0<-b1+b2*(j-1)    #b0 を体系的に変えてゆく
c0<-c1+c2*(k-1)    #c0 を体系的に変えてゆく
yh<-a0*x^b0+c0    #y の理論値の計算
rms<-round(sqrt(sum((yh-y)^2)/length(x)),3)    #rms の計算
if(rms<minrms){minrms<-rms;mina<-a0;minb<-b0;minc<-c0}
#rms の最小値の更新
}
```

```
yh<-mina*x^minb+minc      # 最終的に得られた y の理論値
par(pty="s",las=1,tck=0.02)
plot(x,y)      #x と y の散布図
points(x,yh,pch="x")      #x と y の理論値の散布図
list(rms=minrms,a0=mina,b0=minb,c0=minc)
# 最終的な rms,a0,b0,c0 の出力
}
```

上の関数を以下のようにして実行すると

```
out<-paraest(x,y,1,0.2,1,0.2,1,1)
print(out)
```

次に示す出力および図 3-4-2 を得る。

```
$rms
[1] 0.826
$a0
[1] 2.6
$b0
[1] 1.8
$c0
[1] 5
```

これより $a_0 = 2.6$, $b_0 = 1.8$, $c_0 = 5$ となり，その時 $rms = 0.826$ となる。print(out$rms) とすると, rms のみ出力する。すなわち，出力を list を使用して定義すると $ を使用することによって出力の一部のみを出力することができる。rms とは，理論値とデータの差の 2 乗の平均の平方根として定義され，rms が小さいほど，理論値がデータによくフィットしていることを意味する。

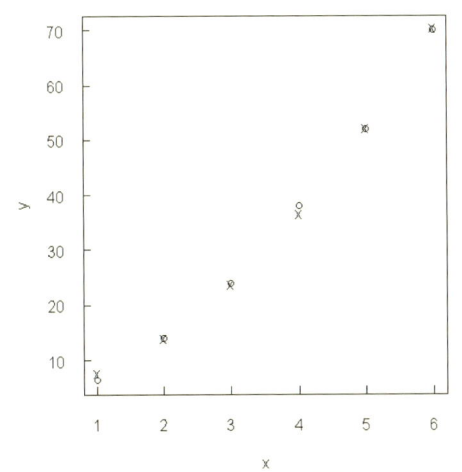

図 3-4-2 関数 paraest によって計算された理論値（×）とデータ（○）

3.5 アンケート画面設計

3.5.1 アンケートの画面の設計とアンケート項目の提示

　アンケート画面の設計は，アンケート画面の設計とアンケート項目の提示と回答の入力，そして，回答の保存という4ステップからなる。アンケート用の項目を提示するためのアンケート画面は，関数 plot を利用し，関数 text により，望む場所にアンケート項目を提示することができる。R言語では日本語の提示も可能であるが，日本語コードへの変換に手間がかかるので，アンケートのように多くの日本語を提示するにはあまり適さない。しかしながら，画像入力を使用することによって，手軽に日本語を提示することが可能である。例えば，「1. あなたは，りんごが好きですか？」という文をアンケート画面に表示するにはどうしたらよいのか。

（1）まず，画像ファイルを作成する。画像の大きさは，例えば，横500，縦50ピクセルにし，上の文を画像の中央に書き，ファイルを保存する。例えば，ファイル名を item1.JPG とする。そして，できれば，アンケート用のフォルダー（例えば，survey という名前にする）を作成し，そこに保存する。

（2）次に，Rgui を実行し，メニューバーの中から「パッケージ」を選び，「パ

ッケージの読み込み」をクリックし，さらに rimage をクリックする．次に，prog1-item.txt というテキストファイルを作成し，その中に，

```
x<-read.jpeg("item1.JPG")
plot(x)
```

と書き，ファイルを survey というフォルダーに保存する．
(3) 次に，メニューバーの中の「ファイル」をクリックし，「ディレクトリの変更」をクリックし，ディレクトリを survey に変更する．そして，「R コードのソースを読み込み」をクリックする．そして，survey というフォルダーに移動する．次に，ファイルの種類を All files(*.*) にする．すると，prog1-item1.txt というファイル名が表示されるので，それをダブルクリックする．ディレクトリの変更をしないと，prog1-item1 を実行する際に，

```
Error in read.jpeg("item1.JPG") : Can't open file.
```

というエラーメッセージが表示される．そうしたら，メニューバーの中の「ファイル」をクリックし，さらに，「ディレクトリの変更」をクリックする．表示されたディレクトリが survey であることを確認し，「OK」をクリックする．そして，再び，「R コードのソースを読み込み」を利用し，pog1-item1 を実行する．すると，画面に

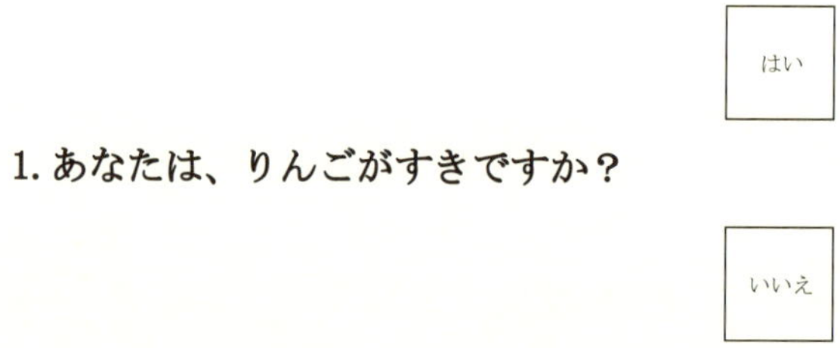

1. あなたは、りんごがすきですか？　　　　　　　　　　　　はい

　　　　　　　　　　　　　　　　　　　　　　　　　　　　いいえ

図 3-5-1　アンケート項目の回答画面

1. あなたは，りんごが好きですか？

という文が表示される。

■ 3.5.2　回答のキーボード入力

prog1-item1 の plot(x) の次の行に，

```
ans<-as.numeric(readline(" Input answer, 1 or 0"))
print(ans)
```

と書き，実行する。そして，1，あるいは，0をキーボードを利用して入力すると，回答1，あるいは，0が表示される。

■ 3.5.3　複数のアンケート項目の提示

for 文を利用して，次の3問に回答するプログラムを作成することを考える。
1. あなたは，りんごが好きですか？
2. あなたは，肉が好きですか？
3. あなたは，ビールが好きですか？

各項目を画像ファイルに書き，item1.JPG，item2.JPG，item3.JPG として保存する。そして，以下に示すプログラムを実行する。

```
item<-c("item1.JPG","item2.JPG","item3.JPG")
for( i in 1:3){
x<-read.jpeg(item[i])     # アンケート項目を1つずつ読み込む
plot(x)     # アンケート項目を表示
ans[i]<-readline("Input answer, 1 or 0")
# キーボードから回答を入力
}
ans<-as.numeric(ans)     # 文字として入力された回答を数字に変換
```

```
print(ans)
```

■ 3.5.4　複数の回答者による複数のアンケート項目の回答の保存

アンケート項目の回答は，エクセルワークシートに出力しておくと，便利である．

実際にアンケートを実施すると，回答者は複数存在するので，個人別に回答を保存する必要が生じる．

```
item<-c("item1.JPG","item2.JPG","item3.JPG")
n<-readline("Input the number of subject ")
n<-as.numeric(n)
m<-3
ans<-matrix(0,nrow=n,ncol=m)
for ( i in 1:n){
for ( j in 1:m){
x<-read.jpeg(item[j])
plot(x)
ans[i,j]<-as.numeric(readline(" Input answer, 1 or 0  "))
}
}
print(ans)
write.table(ans, file="result.xls", append=T, col.names=F,
row.names=F,quote=F, sep="\t")
#回答をエクセルワークシートに出力
```

■ 3.5.5　回答をアンケート画面から入力する

画面に提示されたアンケート項目の右に，「はい」，「いいえ」の回答用の領域を指定し，その場所をマウスクリックし，回答が特定のオブジェクトに保存さ

れるようにすると，回答をアンケート画面から入力することができる。キーボード入力の場合は，入力ミスが発生する恐れがあるが，マウスクリックによる場合は，入力ミスが少なくなる。以下に示すプログラムを実行してみよう。以下のプログラムは，回答者が「はい」，「いいえ」のいずれの回答を選んだかが確認できるように，選ばれた回答は，色が赤に変わるように作成されている。プログラム中の

```
Vf<-c("serif","plain")
text(420,75,"\\#J244f",vfont=Vf)
```

は日本語を表示するためのコマンドで，\\#J244f がひらがなの「は」を意味する。同様に \\#J2424 は「い」を，\\#J2428 は「え」を意味する。日本語コードに関しては demo(Japanese) を実行すると，Type<Return>to start: と表示されるのでエンターキーを押すとひらがな，カタカナ，漢字コードが表示される。

```
x<-read.jpeg("item1.JPG")
plot(x)
rect(400,50,450,100)
rect(400,0,450,-50)
 Vf <- c("serif", "plain")
text(420,75,"\\#J244f",vfont=Vf)
#(420,75)に「は」を表示
text(430,75,"\\#J2424",vfont=Vf)
#(430,75)に「い」を表示
text(415,-25,"\\#J2424",vfont=Vf)
text(425,-25,"\\#J2424",vfont=Vf)
text(435,-25,"\\#J2428",vfont=Vf)
ans<-2
ans0<-locator(1)     #locatorでクリックした箇所の座標値
```

```
if(ans0$y > 25) {ans<-1;rect(400,50,450,100,col=2)
#「はい」をクリックすれば, ans=1 とする
text(420,75,"\\#J244f",vfont=Vf)
text(430,75,"\\#J2424",vfont=Vf)}
if(ans0$y < 25)  {ans <-0;rect(400,0,450,-50,col=2)
#「いいえ」をクリックすれば, ans=0 とする
text(415,-25,"\\#J2424",vfont=Vf)
text(425,-25,"\\#J2424",vfont=Vf)
text(435,-25,"\\#J2428",vfont=Vf)}
print(ans)
```

統計的仮説検定のための関数を作る　4

4.1　χ^2 検定のための関数

　この章では，R言語を用いて，χ^2 検定，t 検定，および，F 検定の関数を作ることを考える。これらは，すでにR言語のシステム関数の中に存在しているが，ここでは，システム関数に存在しない独自の関数を作成する練習として，これらの関数の作成を取り上げる。まずは，これから例として挙げるさまざまな関数とデータをもとにプログラムファイルを書き，関数が正しく作動することを確認することから始めよう。これから挙げる関数は，必要最小限の内容のみが記述されているので，関数が正常に作動することを確認したら，データの出力や途中の計算結果の出力等の望む出力を定義して，自分の望む関数に再定義してみよう。図4-1-1にこの章で使用する χ^2 分布，t 分布，標準正規分布，F 分布と，各分布における下側確率を計算する関数 pchisq, pt, pnorm, pf の表す領域を示す。

4.1.1　適合度の検定

　表4-1に示す，コインを投げたときの表の出る事象や裏の出る事象のような，ある事象 i に関する観測度数を x_i，その理論度数を X_i とすると，

$$\chi^2 = \sum_{i=1}^{k} \frac{(x_i - X_i)^2}{X_i} \tag{4-1}$$

は，$n \to \infty$ のとき（n は，コインを投げた回数），近似的に自由度 $k-1$ の χ^2 分布（k は，カテゴリー数）に従うことが知られている。そこで，データより得られた χ^2 値を χ_1^2 としたとき，もしも $P(\chi^2 > \chi_1^2) < 0.05$ ならば（$\chi^2 > \chi_1^2$ となる確率が 0.05 より小さいならば），帰無仮説（表と裏の出る確率は等しい）を

4 統計的仮説検定のための関数を作る

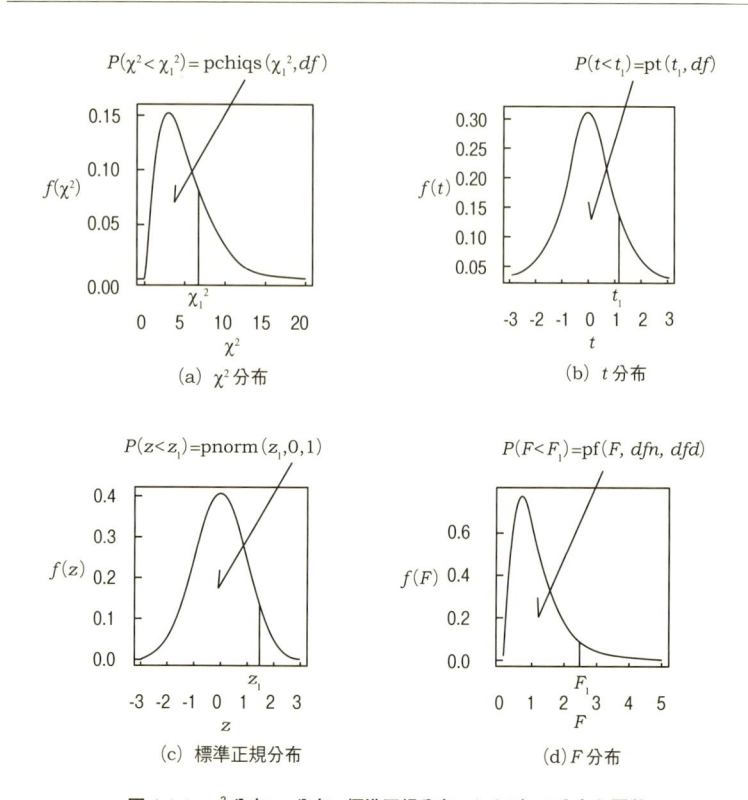

図4-1-1 χ^2分布，t分布，標準正規分布，および，F分布と関数 pchisq, pt, pnorm, pf の関係

棄却する．適合度の検定は，ある現象がある分布（例えば，正規分布）に従うかどうかの検定に使用され，重要な検定である．式の中の理論度数 X_i は，帰無仮説のもとで計算され，例えば，$n=20$ で，帰無仮説が，「表と裏の出る確率は等しい」ならば，理論度数は 10 と 10 になるが，帰無仮説が，「表の出る確率が 0.75, 裏の出る確率が 0.25 である」ならば，理論度数は 15 と 5 になる．

表 4-1　20回コインを投げたときの表の出る観測度数と裏の出る観測度数，および，その理論度数

	表	裏
観測度数	14	6
理論度数	10	10

4.1 χ^2検定のための関数

そして，χ^2分布の下側確率 $(P(\chi^2<\chi_1^2))$ は，関数 pchisq (χ_1^2, df) によって求められる（図 4-1-1 (a) 参照）。ただし，χ_1^2はデータから得られるχ^2値，dfはその自由度である。これをもとにχ^2検定の関数 chisq2_test を作成すると，以下のようになる。ただし，引数 x は，各カテゴリーの観測度数からなるベクトル，引数 X は，その理論度数からなるベクトルである。なお各行の # 以降の説明は省略可能である。また，各カテゴリー内の理論度数が 5 より小さい時は，カテゴリーを合併して理論度数を 5 以上にすることが望ましい（イェーツの補正）。

```
chisq2_test<-function(x,X){
chisq0<-sum((x-X)^2/X)     #χ2 値の計算
df<-length(x)-1       # 自由度の計算
P1<-1-pchisq(chisq0,df)    # 確率値の計算
print(cbind(chisq0,df,P1))
if(P1 < 0.05) print("significant")
    else print("not significant")    # 有意差の判定
}
```

これを以下のように実行すると，

```
x<-c(14,6)
    #コインを 20 回投げたときの表の出た観測度数 (14) と裏の出た観測
    # 度数 (6)
X<-c(10,10)
    # 帰無仮説を「表と裏の出る確率は等しい」としたとき，コインを 20 回
    # 投げたときの表の出る理論度数 (10) と裏の出る理論度数 (10)
chisq2_test(x,X)
```

以下の出力を得る。

```
         chisq0    df              P1
[1,]       3.2      1       0.07363827
[1] "not significant"
```

これより，片側検定5%の有意水準で，有意ではないので帰無仮説を採択する。

■ 4.1.2 独立性の検定

χ^2検定を用いた独立性の検定は，名義尺度レベルの2変数の独立性を検定する。例えば，表4-2に示すように，3種類のギフトがあり，男女各100人にギフトを選んでもらったとき，ギフトの好みと性別との間に違いがあるかどうかを検定する場合には，この独立性の検定を使用する。x_{ij}を変数1と2の同時観測度数，X_{ij}をその理論度数とすると，

$$\chi^2 = \sum_{i=1}^{n_1}\sum_{j=1}^{n_2} \frac{(x_{ij} - X_{ij})^2}{X_{ij}} \tag{4-2}$$

は，$n \to \infty$ にとき，近似的に自由度 $(n_1 - 1)(n_2 - 1)$ の χ^2 分布に従う（カテゴリー内の理論度数は，5以上であることが望ましいとされているので，5より小さい場合の度数のカテゴリーは，他のカテゴリーと合併する必要がある：イェーツの補正）。ただし，n, n_1, n_2 は，順に，全観測度数，変数1, 2のカテゴリー数を意味する。そして，$x_{i\cdot}$, $x_{\cdot j}$ は，順に，変数1, 2の周辺度数（各行，各列の総和）とする時，理論度数 X_{ij} は，以下のように定義される。

$$X_{ij} = \frac{x_{i\cdot} x_{\cdot j}}{n} \tag{4-3}$$

表4-2　性別別にみたギフトの好みの観測度数（カッコ内は，理論度数）

	ギフト1	ギフト2	ギフト3	計
男	30 (30)	60 (55)	10 (15)	100
女	30 (30)	50 (55)	20 (15)	100
計	60	110	30	200

表 4-2 の例の場合，$x_{i\cdot}$ は，100，100，そして，$x_{\cdot j}$ は，60，110，30，X_{11}=100×60/200=30 である。

上の式をもとにして，独立性の検定の関数 chisq2_test_mat を作成すると，以下のようになる。ただし，x は，2 つの変数の同時観測度数を表す行列（観測度数行列）を意味する。

```
chisq2_test_mat<-function(x){
sumxr<-apply(x,1,sum)     # 各行の総和を計算
sumxc<-apply(x,2,sum)     # 各列の総和を計算
X<-matrix(0,nrow=nrow(x),ncol=ncol(x))
    # 理論度数の行列を前もって定義
for (i in 1:nrow(x))
for (j in 1:ncol(x)) X[i,j]<-sumxr[i]*sumxc[j]/sum(x)
    # 理論度数の計算
chisq0<-sum((x-X)^2/X)    # χ2 値の計算
df<-(nrow(x)-1)*(ncol(x)-1)    # 自由度の計算
P1<-1-pchisq(chisq0,df)    # 確率値の計算
print(cbind(chisq0,df,P1))
if(P1 < 0.05) print("significant")
    else print("not significant")    # 有意差の判定
}
```

そして，これを次のようにして実行すると，

```
x<-matrix(c(30,60,10,30,50,20),ncol=3,byrow=T)
chisq2_test_mat(x)
```

以下の出力を得る。

```
        chisq0    df        P1
[1,]    4.242424  2         0.1198862
[1] "not significant"
```

これより，χ^2 値は 4.242424 で，その確率値は，0.1198862 であるので，片側検定 5% の有意水準で，帰無仮説（2 つの変数は，互いに独立である）を採択する。

4.2　t 検定のための関数

t 検定とは，2 つの標本平均（$\bar{x}_1, \bar{x}_2$）をもとにして，それらが抽出された母集団の平均（μ_1, μ_2）の違いを統計的に検定する方法である。t 検定は，2 つの母集団の分散が等しいか否か，標本の大きさは等しいか否かによって検定方法が異なる。

4.2.1　2 つの母集団の母分散（σ_1^2, σ_2^2）は未知であるが，母分散が等しい場合（$\sigma_1^2 = \sigma_2^2 = \sigma^2$）

この場合の t 値，および，自由度（df）は，以下のように定義される。

$$t = \frac{\bar{x}_1 - \bar{x}_2}{\sigma\sqrt{\dfrac{1}{n_1} + \dfrac{1}{n_2}}}$$

$$df = n_1 + n_2 - 2 \tag{4-4}$$

ただし，$\sigma^2 = ((n_1 - 1) u_1^2 + (n_2 - 1) u_2^2) / (n_1 + n_2 - 2)$ で，u_1^2, u_2^2 は，2 つの標本の不偏分散，n_1, n_2 は，標本の大きさとする。有意水準を $\alpha = 0.05$，そして，両側検定を使用すれば，もしも t 分布において，t 値がデータより得られる t 値の絶対値である $|t_1|$ よりも大きくなる確率が 0.025 より小さいならば（$P(t > |t_1|) < 0.025$），帰無仮説（$\mu_1 = \mu_2$）を棄却して，対立仮説（$\mu_1 \neq \mu_2$）を採択する。ただし，μ_1, μ_2 は順に，母集団 1，2 の母平均を表す。そして，t

分布の下側確率（$P(t<|t_1|)$）は，関数 pt (t1, df1) によって求められる（図 4-1-1 (b) 参照）。ただし，t1 はデータから得られる t 値，df1 はその自由度である。これをもとに，関数 t_test1 として表すと，以下のようになる。なお，引数 x1，x2 は順に標本 1，2 のデータのベクトルである。

```
t_test1<-function(x1,x2){
mx1<-mean(x1)     #x1 の平均
mx2<-mean(x2)     #x2 の平均
var1<-var(x1)     #x1 の不偏分散
var2<-var(x2)     #x2 の不偏分散
n1<-length(x1)    #x1 の標本の大きさ
n2<-length(x2)    #x2 の標本の大きさ
var12<-((n1-1)*var1+(n2-1)*var2)/(n1+n2-2)
    #2 つの標本をこみにしたときの不偏分散
t1<-abs(mx1-mx2)/sqrt(var12*(1/n1+1/n2))    #t 値
df1<-n1+n2-2    # 自由度
P1<-1-pt(t1,df1)    #P(t>|t1|) となる確率値 P
print(cbind(t1,df1,P1))
if( P1 < 0.025) print("significant")
    else print("not significant")    # 有意差の判定
}
```

表 4-3 の条件 A_1，A_2 のデータをもとに，関数 t_test1 を使用して 2 つの母平均の t 検定を行うと以下のようになる。

```
x1<-c(9,9,7,8,8,7,6,5,6,5)
x2<-c(8,7,6,4,5,7,6,7,5,8)
t_test1(x1,x2)
```

そして，次の出力を得る。

```
            t1      df1             P1
[1,]   1.105263     18        0.1418003
[1] "not significant"
```

得られた t 値は，t_1=1.105263 で，その自由度は，df_1=18，この t 値に対する確率値は，P_1=0.1418003 である。両側検定 5% の有意水準であれば，P_1>0.025 であるので，有意でない "not significant" となる。

表 4-3　3 つの教授法のもとでの英語のテスト得点
($\bar{x}_{.j}$ は j 列の標本平均，$\bar{x}_{..}$ は全標本平均を表す)

要因 A		A_1（日本人とネイティブ）	A_2（日本人）	A_3（ネイティブ）
被験者	1	9	8	6
	2	9	7	7
	3	7	6	6
	4	8	4	5
	5	8	5	7
	6	7	7	6
	7	6	6	5
	8	5	7	3
	9	6	5	4
	10	5	8	5
	$\bar{x}_{.j}$	7.0	6.3	5.4
	$\bar{x}_{..}$	6.233333		

■ **4.2.2　2 つの母集団の母分散は未知であるが，母分散は等しくなく，標本の大きさが等しい場合（n_1=n_2=n；Cochran-Cox の方法）**

標本の大きさが等しい場合は，t 値，および，自由度は，以下のように定義される。

$$t = \frac{\bar{x}_1 - \bar{x}_2}{\sqrt{\dfrac{u_1^2 + u_2^2}{n}}}$$

$$df = n-1 \tag{4-5}$$

ただし，$\bar{x}_1$，$\bar{x}_2$ は標本 1，2 の標本平均を，u_1^2，u_2^2 は不偏分散を，そして，n は標本の大きさを表す。これをもとに関数 t_test2 を作成すると，以下のようになる。ただし，引数 x1，x2 は順に標本 1，2 のデータベクトルである。

```
t_test2<-function(x1,x2){
mx1<-mean(x1)     #x1 の平均
mx2<-mean(x2)     #x2 の平均
var1<-var(x1)     #x1 の不偏分散
var2<-var(x2)     #x2 の不偏分散
n1<-length(x1)    #x1 の標本の大きさ
n2<-length(x2)    #x2 の標本の大きさ
if(n1==n2)  n<-n1
t2<-abs(mx1-mx2)/sqrt((var1+var2)/n)    #t 値
df2<-n-1     # 自由度
P2<-1-pt(t2,df2)     # 確率値 P
print(cbind(t2,df2,P2))
if(P2<0.025) print("significant")
    else print("not significant")     # 有意差の判定
}
```

そして，以下のようにして，実行すると，

```
x1<-c(9,9,7,8,8,7,6,5,6,5)
x2<-c(8,7,6,4,5,7,6,7,5,8)
t_test2(x1,x2)
```

次の出力を得る。

```
              t2         df2            P2
[1,]     1.105263         9         0.1488575
[1] "not significant"
```

■ 4.2.3　2つの母集団の母分散は未知であるが，母分散は等しくなく，標本の大きさが等しくない場合（Welchの方法）

Welchの方法の場合，t 値，および，自由度は，以下のように定義される。

$$t = \frac{\bar{x}_1 - \bar{x}_2}{\sqrt{\dfrac{u_1^2}{n_1} + \dfrac{u_2^2}{n_2}}}$$

$$df = \frac{(n_1 - 1)(n_2 - 1)}{(n_2 - 1)c^2 + (n_1 - 1)(1 - c)^2}$$

$$c = \frac{\left(\dfrac{u_1^2}{n_1}\right)}{\left(\dfrac{u_1^2}{n_1} + \dfrac{u_2^2}{n_2}\right)} \tag{4-6}$$

となる。ただし，$\bar{x}_1$, $\bar{x}_2$ は標本1，2の標本平均を，u_1^2, u_2^2 は不偏分散を，そして，n_1, n_2 は標本の大きさを表す。そして，$u_1^2 > u_2^2$ で，c の分子は，2つの不偏分散のうち，大きい方の不偏分散とそれに対応する標本の大きさで定義される。これを関数 t_test3 とすると，以下のようになる。ただし，引数 x1, x2 は，順に標本1，2のデータベクトルである。

```
t_test3<-function(x1,x2){
  mx1<-mean(x1)     #x1の平均
  mx2<-mean(x2)     #x2の平均
  var1<-var(x1)     #x1の不偏分散
```

```
var2<-var(x2)      #x2 の不偏分散
n1<-length(x1)     #x1 の標本の大きさ
n2<-length(x2)     #x2 の標本の大きさ
if(var1>var2) {var3<-var1;n3<-n1}
    else {var3<-var2;n3<-n2}    #c1 の分子を決定
c1<-(var3/n3)/(var1/n1+var2/n2)
t3<-abs(mx1-mx2)/sqrt(var1/n1+var2/n2)    #t 値
df3<-round((n1-1)*(n2-1)/
((n2-1)*c1^2+(n1-1)*(1-c1)^2)-0.5)    # 小数以下切り捨て
P3<-1-pt(t3,df3)    # 確率値 P
print(cbind(t3,df3,P3))
if(P3<0.025) print("significant")
    else print("not significant")    # 有意差の判定
}
```

これを以下のようにして，実行すると，

```
x1<-c(9,9,7,8,8,7,6,5,6,5)
x2<-c(8,7,6,4,5,7,6,7,5,8)
t_test3(x1,x2)
```

次の出力を得る。

```
            t3 df3        P3
[1,] 1.105263  17 0.1422216
[1] "not significant"
```

■ 4.2.4 対応のある t 検定

2つの標本に対応がある場合の t 値は，

$$t = \frac{\bar{x}_1 - \bar{x}_2}{\sqrt{(s_1^2 + s_2^2 - 2rs_1s_2)/(n-1)}}$$

$$= \frac{\bar{x}_1 - \bar{x}_2}{\sqrt{(s_1^2 + s_2^2 - 2s_{12})/(n-1)}}$$

$$= \frac{\bar{x}_1 - \bar{x}_2}{\sqrt{(u_1^2 + u_2^2 - 2u_{12})/n}}$$

$$df = n - 1 \tag{4-7}$$

によって定義される。ただし，$\bar{x}_1$, $\bar{x}_2$ は標本 1, 2 の標本平均を，s_1^2, s_2^2 は標本分散を，u_1^2, u_2^2 は不偏分散を，r, s_{12}, u_{12} は標本間の相関係数，標本共分散，不偏共分散を，そして，n は標本の大きさを表す。よって，対応のある場合の t 検定の関数 t_test_rep は，以下のようになる。ただし，引数 x1, x2 は順に，標本 1, 2 のデータベクトルである。

```
t_test_rep<-function(x1,x2){
mx1<-mean(x1)      #x1 の平均
mx2<-mean(x2)      #x2 の平均
var1<-var(x1)      #x1 の不偏分散
var2<-var(x2)      #x2 の不偏分散
n<-length(x1)      #x1 の標本の大きさ
cov12<-cov(x1,x2)    # 共分散
t1<-abs(mx1-mx2)/sqrt((var1+var2-2*cov12)/n)      #t 値
df1<-n-1    # 自由度
P1<-1-pt(t1,df1)    #P(t>t1) となる確率値 P
print(cbind(t1,df1,P1))
if(P1<0.025) print("significant")
    else print("not significant")    # 有意差の判定
```

}
```

これを以下のようにして実行すると，

```
x1<-c(9,9,7,8,8,7,6,5,6,5)
x2<-c(8,7,6,4,5,7,6,7,5,8)
t_test_rep(x1,x2)
```

次の出力を得る。

```
           t1    df1         P1
[1,]  1.04869     9    0.1608325
[1] "not significant"
```

4.3 回帰係数の検定のための関数

t 検定の応用として，回帰式の検定がある．例えば，以下に示す回帰式が標本において得られたとしよう．

$$y_i = Y_i + e_i$$
$$Y_i = a_0 + a_1 x_i \qquad (4\text{-}8)$$

母集団における回帰式の定数項を α_0，回帰係数を α_1 とするとき，定数項 α_0 が 0 からの有意差があるか，回帰係数 α_1 が 0 からの有意差があるか，あるいは，1 からの有意差があるかについての検定が行われる．標本の大きさを n，x の標本平均を $\bar{x}$，x の標本分散を s^2，誤差の不偏分散を u^2 とすると，
```

$$t_0 = \frac{a_0 - \alpha_0}{\sqrt{\dfrac{u^2\left(1 + \overline{x}^2/s^2\right)}{n}}} \tag{4-9}$$

は,自由度 $df = n - 2$ の t 分布に従う。同様にして,

$$t_1 = \frac{a_1 - \alpha_1}{\sqrt{\dfrac{u^2}{ns^2}}} \tag{4-10}$$

も,自由度 $df = n - 2$ の t 分布に従う。ただし,

$$u^2 = \sum_{i=1}^{n}(y_i - Y_i)^2 / (n-2) \tag{4-11}$$

である。

　帰無仮説 $\alpha_0 = 0, \alpha_1 = 0$ のとき,t 分布において,t 値が $|t_0|$ よりも大きくなる確率が 0.025 より小さいならば ($P(t > |t_0|) < 0.025$),両側検定 5% の有意水準で,帰無仮説 $\alpha_0 = 0$ を棄却する。同様にして,$P(t > |t_1|) < 0.025$ ならば,両側検定 5% の有意水準で,帰無仮説 $\alpha_1 = 0$ を棄却する。この式を利用して,定数項,および,回帰係数の検定の関数 reg_test は,以下のように作成される。ただし,引数 x, y は順に,独立変数,従属変数のベクトル,alpha1 は a_1 に対する母集団のパラメータ($\alpha_1 = 0$,あるいは,1)を表す。

```
reg_test<-function(x,y,alpha1){
n<-length(x)      # 標本の大きさの計算
out<-lsfit(x,y)$coef
    # 回帰分析の 2 つのパラメータを推定し,out に保存
a0<-out[1];a1<-out[2];Y<-a0+a1*x
    # 推定されたパラメータをもとに,予測値(Y)を計算
svar1<-var(x)*(n-1)/n;var2<-sum((Y-y)^2)/(n-2)
    # 標本分散,誤差の不偏分散を計算
plot(x,y);abline(a0,a1)      # 散布図および回帰直線を描く
```

4.3 回帰係数の検定のための関数

```
t0<-a0/sqrt(var2*(1+mean(x)^2/svar1)/n)    #t0 値を計算
t1<-(a1-alpha1)/sqrt(var2/(n*svar1))       #t1 値を計算
df<-n-2;P0<-1-pt(t0,df);P1<-1-pt(t1,df)    # 確率値を計算
print(cbind(a0,a1));print(cbind(t0,t1,df,P0,P1))
    # 回帰係数およびt 値，P 値等の出力
if(P0 < 0.025) print("intercept a0 is significant")
   else print("intercept a0 is not significant")
if(P1 < 0.025) print("slope a1 is significant")
   else print("slope a1 is not significant")
}
```

これを実行して，

```
waist<-c(76,58,82,60,65,54,99,74,76,95)
weight<-c(73,54,60,63,60,52,92,65,62,79)
alpha1<-0
reg_test(waist,weight,alpha)
```

以下の出力を得る。

```
                  a0         a1
Intercept   14.29248  0.6996958
                  t0        t1 df         P0           P1
Intercept   1.369923  5.049218  8  0.1039615    0.0004951073
[1] "intercept a0 is not significant"
[1] "slope a1 is significant"
```

4.4 相関係数の検定のための関数

4.4.1 無相関検定

2つの標本の大きさが共に n である標本間の相関係数を r, その母相関係数を ρ としたとき,以下に示す t は, $\rho = 0$ の帰無仮説のもとで,自由度 $df = n - 2$ の t 分布に従う。

$$t = r\sqrt{(n-2)/(1-r^2)}$$
$$df = n - 2 \tag{4-12}$$

これをもとに無相関検定の関数 cor_test1 を作成すると,以下のようになる。引数は,2つの標本 x, y のデータベクトルを意味する。

```
cor_test1<-function(x,y){
n<-length(x)      #標本の大きさを計算
plot(x,y)         #xとyの散布図を描く
r<-cor(x,y)       #xとyの間の相関係数を計算
t1<-r*sqrt(n-2)/sqrt(1-r^2)     #t値の計算
df1<-n-2         #自由度の計算
P1<-1-pt(t1,df1)      #確率値の計算
print(cbind(r,t1,df1,P1))     #相関係数,確率値等の出力
if(P1 < 0.025) print("significant")
             else print("not significant")
}
```

これを以下のように実行して,

```
waist<-c(76,58,82,60,65,54,99,74,76,95)
weight<-c(73,54,60,63,60,52,92,65,62,79)
cor_test1(waist,weight)
```

以下のような出力を得る。

```
              r       t1  df1         P1
[1,] 0.8724423 5.049218    8 0.0004951073
[1] "significant"
```

これより，$P_1 <$ 0.025 であるので，両側検定 5% の有意水準で，x と y は母集団において無相関であるという帰無仮説（$\rho = 0$）は棄却される。

■ 4.4.2　2 つの相関係数の差の検定

2 つの標本相関係数を r_1, r_2 標本の大きさを n_1, n_2 とし，それに対応する母相関係数を ρ_1, ρ_2 とし，以下のような変換を行うと，

$$
\begin{aligned}
z_1 &= 0.5 \log\left((1+r_1)/(1-r_1)\right) \\
z_2 &= 0.5 \log\left((1+r_2)/(1-r_2)\right) \\
d &= \frac{(z_1 - z_2)}{\sqrt{\left(1/(n_1-3)\right) + \left(1/(n_2-3)\right)}}
\end{aligned}
\tag{4-13}
$$

帰無仮説（$\rho_1 = \rho_2$）のもとで，d は標準正規分布に従う。よって，$|d| > 1.96$ ならば，両側検定 5% の有意水準で，帰無仮説（$\rho_1 = \rho_2$）を棄却する。そして，標準正規分布の下側確率（$P(z < z_1)$）は，関数 pnorm(z1,0,1) によって求められる（図 4-1-1 (c) 参照）。ただし，z1 はデータより得られる標準得点である。これをもとに関数 cor_test2 として作成すると以下のようになる。引数

r1, r2 は，2つの標本相関係数，n1, n2 は，2つの標本の大きさを意味する。

```
cor_test2<-function(r1,n1,r2,n2){
z1<-log((1+r1)/(1-r1))/2      #r1 を z 値に変換
z2<-log((1+r2)/(1-r2))/2      #r2 を z 値に変換
d<-(z1-z2)/sqrt(1/(n1-3)+1/(n2-3))     #d 値の計算
P1<-1-pnorm(abs(d),0,1)      # 確率値の計算
print(cbind(r1,r2,d,P1))     # 相関係数，d 値，確率値の出力
if(P1 < 0.025) print("significant")
    else print("not significant")
}
```

これを以下のようにして実行すると，

```
waist.male<-c(76,58,82,60,65,54,99,74,76,95)
weight.male<-c(73,54,60,63,60,52,92,65,62,79)
waist.female<-c(60,58,63,60,66,64,65,70,65,63)
weight.female<-c(56,45,51,47,58,51,57,56,50,51)
r1<-cor(waist.male,weight.male)
r2<-cor(waist.female,weight.female)
n1<-length(waist.male)
n2<-length(waist.female)
cor_test2(r1,n1,r2,n2)
```

次の結果を得る。

```
             r1          r2          d          P1
[1,]  0.8724423   0.6429528   1.085125   0.1389331
[1] "not significant"
```

$P_1 > 0.025$ であるので，両側検定 5%の有意水準で帰無仮説は採択される．

4.5　F 分布を利用した検定

4.5.1　F 分布を利用した分散の同質性の検定

t 検定を行うに際し，2 つの母集団の分散が等しいかどうか確認する必要がある．そのようなときには，F 分布を使用して分散の同質性の検定を行う．2 つの標本の不偏分散を u_1^2，u_2^2，標本の大きさを n_1，n_2，母分散を σ_1^2，σ_2^2 とすると，

$$F = \frac{u_1^2}{u_2^2} \tag{4-14}$$

は，自由度 $df = n_1 - 1$，$n_2 - 1$ の F 分布に従う．よって，帰無仮説（$\sigma_1^2 = \sigma_2^2$）のもとで，F 分布における F 値がデータより得られる F 値である F_1 より大きくなる確率が 0.025 より小さければ（$P(F > F_1) < 0.025$），両側検定 5%の有意水準で帰無仮説を棄却する．そして，F 分布の下側確率（$P(F < F_1)$）は，関数 pf(F1,dfn,dfd) によって求められる（図 4-1-1 (d) 参照）．ただし，F1 は，データから得られる F 値，dfn，dfd は，順に，式（4-14）の分子，分母の自由度である．

これをもとに関数 F_test1 として作成すると，以下のようになる．引数 x1，x2 は 2 つの標本データベクトルを意味する．

```
F_test1<-function(x1,x2){
n1<-length(x1)      #標本 1 の標本の大きさ
n2<-length(x2)      #標本 2 の標本の大きさ
u21<-var(x1)        #標本 1 の不偏分散
u22<-var(x2)        #標本 2 の不偏分散
if(u21 > u22 ) {F1<-u21/u22;dfn<-n1-1;dfd<-n2-1}
    else {F1<-u22/u21;dfn<-n2-1;dfd<-n1-1}
```

```
    # 不偏分散が大きい方をFの分子に定義する。
P1<-1-pf(F1,dfn,dfd)    # 確率値の計算
print(cbind(u21,u22,F1,dfn,dfd,P1))
if(P1 < 0.025) print("significant")
    else print("not significant")
}
```

これを以下のようにして実行すると，

```
x1<-c(9,9,7,8,8,7,6,5,6,5)
x2<-c(8,7,6,4,5,7,6,7,5,8)
F_test1(x1,x2)
```

次の出力を得る。

```
            u21      u22       F1  dfn  dfd        P1
[1,]   2.222222 1.788889 1.242236    9    9 0.3759355
[1] "not significant"
```

$P_1 > 0.025$ なので，両側検定5%の有意水準で帰無仮説は採択され，2つの母集団の分散は等しいことになる。

■ 4.5.2 F分布を利用した関数の適合度の検定

x と y との間に何らかの関数関係が仮定されるとき，その関数がデータに統計的にフィットするかどうかを検定する。いま，独立変数を x，従属変数を y とし，x が k 個のグループに分類され，グループ j における x の代表値を u_j，グループ j における n_j 個の y の標本平均を $\bar{y}_j$，仮定される関数（例えば，$y=ax^b+c$）において u_j に対応する y の値を v_j，N 個 $(N = \sum_{j=1}^{k} n_j)$ の y の全標本平均を $\bar{\bar{y}}$．，関数の中のパラメータ数を p とすると，決定係数 Q は，

4.5 F分布を利用した検定

$$Q = 1 - \frac{\sum_{j=1}^{k}\sum_{i=1}^{n_j}(y_{ij}-v_j)^2}{\sum_{j=1}^{k}\sum_{i=1}^{n_j}(y_{ij}-\overline{y}_{..})^2} \tag{4-15}$$

によって表され，Q の範囲は0から1で，1に近いほど関数はデータにフィットすることになる。また，

$$F = \frac{\sum_{j=1}^{k} n_j (\overline{y}_j - v_j)^2 / (k-p)}{\sum_{j=1}^{k}\sum_{i=1}^{n_j}(y_{ij}-\overline{y}_j)^2 / (N-k)} \tag{4-16}$$

は，自由度 $df = k - p, N - k$ の F 分布に従う。データより算出された F 値である F_1 より F が大きくなる確率が 0.05 より大きければ $(P(F>F_1) > 0.05)$，仮定された関数はデータに片側検定5%の有意水準でフィットしていることになる。

これをもとにして関数 F_test2 を作成すると，以下のようになる。

```
F_test2<-function(x,y,v,p){
x2<-unique(sort(x))
sum1<-0
sum2<-0
meanj<-0
for(j in 1:length(x2)) {
yj<-y[x==x2[j]]
yhat<-v[x2]
meanj[j]<-mean(yj)
sum1<-sum1+length(yj)*(meanj[j]-yhat[j])^2
for(i in 1:length(yj)){
sum2<-sum2+(yj[i]-meanj[j])^2
}
```

```
}
par(pty="s",las=1,tck=0.02)
plot(range(x),range(c(y,y2)),xlab="x",ylab="y",type="n")
points(x,y)
points(x2,y2,type="l")
points(x2,yhat,pch="*")
points(x2,meanj,pch="+")
qvalue<-1-sum1/sum2
df1<-length(x2)-p
df2<-length(x)-length(x2)
fvalue<-(sum1/df1)/(sum2/(df2))
pvalue<-1-pf(fvalue,df1,df2)
print(cbind(fvalue,df1,df2,pvalue,qvalue))
if(pvalue > 0.05) print(" The model fits the data") else
print(" The model does not fit the data")
}
```

以下に実行例を示す．

```
u<-1:5
v<-0.5*u^2+1
x<-c(1,3,5,2,4,1,4,3,2,5,3,4,2,5,1)
y<-c(2,6,12,2.5,9.5,0.8,8.2,6.6,4,15,3,7,5,10,3)
p<-2
F_test2(x,y,v,p)
```

そして，以下のような出力（数値，および，図4-5-1）が得られる．

```
        fvalue df1 df2   pvalue    qvalue
[1,]  1.013336   3  10 0.4269835 0.6959991
```

```
[1] " The model fits the data"
```

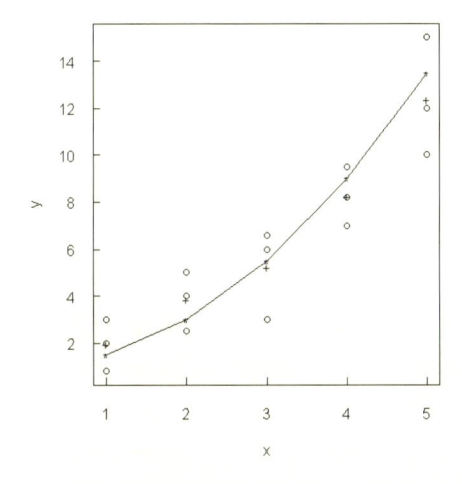

図 4-5-1　F_test2 によって出力されるデータと理論値のプロット
（図中の実線は理論曲線，o はデータ，+ は y の平均値 $\bar{y_i}$，* は理論値を示す）

分散分析のための関数を作る（標本の大きさが等しい場合） 5

5.1 1要因分散分析のための関数

　分散分析は，要因の数が1つならば1要因分散分析，2つならば2要因分散分析と呼ばれる。さらに，要因を構成するすべての水準に異なる被験者が割り当てられる場合を被験者間要因，すべての水準に同じ被験者が割り当てられる場合を被験者内要因と呼ぶ。ここでは，被験者間要因の1要因分散分析（対応のない1要因分散分析）と被験者内要因の1要因分散分析（対応のある1要因分散分析）の関数を作成することを試みる。

5.1.1 対応のない1要因分散分析のための関数

　対応のない1要因分散分析において，全変動（SS_t）は，級間変動（SS_b）と級内変動（SS_w）に分解される。そして，級間変動に基づく母分散の不偏分散（MS_b）と級内変動に基づく母分散の不偏分散（MS_w）の比によって，F値は，

$$F = MS_b / MS_w = \frac{\left(SS_b / df_b\right)}{\left(SS_w / df_w\right)} \tag{5-1}$$

と定義される。そして，

$$SS_b = n \sum_{j=1}^{m} \left(\bar{x}_{\cdot j} - \bar{x}_{\cdot\cdot}\right)^2$$
$$df_b = m - 1 \tag{5-2}$$

$$SS_w = \sum_{i=1}^{n}\sum_{j=1}^{m}\left(x_{ij} - \overline{x}_{\cdot j}\right)^2$$
$$df_w = m(n-1) \tag{5-3}$$

によって表わされる。ただし，m は水準数，n は各水準内の標本の大きさを表す（標本の大きさが異なる場合は（6-1）を参照）。そして，片側検定5%の有意水準で，F 分布において，F 値がデータより得られた F 値である F_1 より大きくなる確率が0.05より小さいならば（$P(F>F_1)<0.05$），帰無仮説（すべての母平均は等しい）を棄却して，対立仮説（すべての母平均が等しいとはいえない）を採択する。これをもとに対応のない1要因分散分析の関数 anova1_rep0 を作成すると，以下のようになる。ただし，x は，行を個人，列を変数とするデータ行列である。

```
anova1_rep0<-function(x){
n<-nrow(x)
m<-ncol(x)
mx<-apply(x,2,mean)
gmx<-mean(x)
vx<-apply(x,2,var)
print(cbind(mx))
print(cbind(gmx))
print(cbind(vx))
SSb<-n*sum((mx-gmx)^2)
dfb<-m-1
SSw<-sum((x-matrix(rep(mx,n),ncol=m,byrow=T))^2)
dfw<-m*(n-1)
MSb<-SSb/dfb
MSw<-SSw/dfw
F1<-MSb/MSw
P1<-1-pf(F1,dfb,dfw)
```

```
print(cbind(SSb,dfb,MSb,F1,P1))
print(cbind(SSw,dfw,MSw))
if(P1 < 0.05) print("significant")
    else print("not significant")
}
```

上の関数は，以下のようにして実行する．

```
x<-matrix(scan("data1-anova.txt"),ncol=3,byrow=T)
anova1_rep0(x)
```

ただし，data1-anova.txt には，表 4-3 のデータを以下のような形式でテキストファイルとして保存しておく．

```
         9     8     6
         9     7     7
         7     6     6
         8     4     5
         8     5     7
         7     7     6
         6     6     5
         5     7     3
         6     5     4
         5     8     5
```

そして，以下に実行結果を示す．

```
Read 30 items
        mx
[1,]   7.0
[2,]   6.3
```

```
[3,] 5.4
         gmx
[1,] 6.233333
         vx
[1,] 2.222222
[2,] 1.788889
[3,] 1.600000
          SSb   dfb        MSb          F1            P1
[1,] 12.86667    2    6.433333    3.439604    0.04669947
          SSw   dfw        MSw
[1,]    50.5    27    1.870370
[1] "significant"
```

上の出力において，mx は各水準の標本平均 ($\bar{x}_{.j}$) を，gmx は全標本平均 ($\bar{x}_{..}$) を，そして，vx は各水準の不偏分散を表す．実行結果の出力（12.86667, 2, 6.433333, 3.439604, 0.04669947）は，順に，級間変動（SS_b)，級間変動の自由度（df_b)，級間変動に基づく不偏分散（MS_b)，F 値（F_1)，および，F 値に対応する確率値（P_1）を意味する．同様に，出力（50.5 ,27,1.870370）は，順に，誤差変動（SS_w)，誤差変動の自由度（df_w)，誤差変動に基づく不偏分散（MS_w）を意味する．P_1=0.04669947 は 0.05 より小さいので，片側検定 5% の有意水準で有意となり，帰無仮説は棄却される．最後の行の "significant" は，片側検定 5% の有意水準で有意であることを意味する．片側検定 5% 有意水準で有意でない場合は，"not significant" と出力される．

■ 5.1.2 対応のある 1 要因分散分析のための関数

対応のある 1 要因分散分析において，全変動（SS_t)は，被験者間変動（$SS_{between}$）と被験者内変動（SS_{within}）に分解される．さらに，被験者内変動は，主効果 1 の変動（SS_1）と誤差変動（$SS_{e.1}$）に分解される．主効果の変動とは，級間変動のことを意味し，主効果が 2 つ以上ある場合（2 要因分散分析以上）は，主効果 1，主効果 2 のように要因ごとに主効果が存在する．今後は，1 要因の場合

でも主効果1と表現してゆく。これをもとに，主効果1の変動に基づく母分散の不偏分散（MS_1）と誤差変動に基づく母分散の不偏分散（$MS_{e\cdot 1}$）の比によって，F値は，

$$F = MS_1 \Big/ MS_{e\cdot 1} = \frac{\left(SS_1 \Big/ df_1\right)}{\left(SS_{e\cdot 1} \Big/ df_{e\cdot 1}\right)} \tag{5-4}$$

と定義される。そして，

$$SS_1 = n\sum_{j=1}^{m}\left(\overline{x}_{\cdot j} - \overline{x}_{\cdot\cdot}\right)^2$$
$$df_1 = m-1 \tag{5-5}$$

$$SS_{e\cdot 1} = \sum_{i=1}^{n}\sum_{j=1}^{m}\left(x_{ij} - \overline{x}_{i\cdot} - \overline{x}_{\cdot j} + \overline{x}_{\cdot\cdot}\right)^2$$
$$df_{e\cdot 1} = (m-1)(n-1) \tag{5-6}$$

によって表わされる。ただし，mは水準数，nは各水準における標本の大きさを表す。そして，片側検定5%の有意水準で，$P(F>F_1)<0.05$ならば，帰無仮説を棄却して対立仮説を採択する。これをもとに対応のある1要因分散分析の関数 anova1_rep1 を作成すると，以下のようになる。ただし，x は行を個人，列を変数とする行列データである。

```
anova1_rep1<-function(x){
n<-nrow(x);m<-ncol(x);n2<-m*n
mxi<-apply(x,1,mean);mxj<-apply(x,2,mean);gmx<-mean(x)
vx<-apply(x,2,var)
print(cbind(mxj))
print(cbind(gmx))
print(cbind(vx))
SS1<-n*sum((mxj-gmx)^2);df1<-m-1
```

```
mxi.mat<-matrix(rep(mxi,m),nrow=n,byrow=F)
mxj.mat<-matrix(rep(mxj,n),ncol=m,byrow=T)
gmx.mat<-matrix(rep(gmx,n2),ncol=m,byrow=T)
SSe.1<-sum((x-mxi.mat-mxj.mat+gmx.mat)^2)
dfe.1<-(m-1)*(n-1)
MS1<-SS1/df1;MSe.1<-SSe.1/dfe.1
F1<-MS1/MSe.1;P1<-1-pf(F1,df1,dfe.1)
print(cbind(SS1,df1,MS1,F1,P1))
print(cbind(SSe.1,dfe.1,MSe.1))
if(P1 < 0.05) print("significant")
    else print("not significant")
}
```

表4-3のデータをもとに,以下のようにして実行すると,

```
x<-matrix(scan("data1-anova.txt"),ncol=3,byrow=T)
anova1_rep1(x)
```

次に示す結果を得る。

```
Read 30 items
        mxj
[1,]  7.0
[2,]  6.3
[3,]  5.4
          gmx
[1,] 6.233333
            vx
[1,] 2.222222
[2,] 1.788889
```

```
[3,] 1.600000
          SS1 df1       MS1          F1         P1
[1,] 12.86667   2  6.433333    4.488372 0.02621481
     SSe.1 dfe.1   MSe.1
[1,]  25.8    18 1.433333
[1] "significant"
```

出力の数値は，`anova1_rep0` と同じ意味である。

5.2　2 要因分散分析のための関数

5.2.1　対応のない 2 要因分散分析のための関数

対応のない 2 要因分散分析の全変動は，要因 1 の主効果の変動（SS_1）と要因 2 の主効果の変動（SS_2）と要因 1 と要因 2 の交互作用の変動（SS_{12}）と誤差変動（SS_e）に分解される。そして，2 要因分散分析では，F 分布を利用して，主効果 1，主効果 2，交互作用の 3 つの効果の有意差検定を行う。よって，帰無仮説が 3 つ存在する。

　　帰無仮説 1：要因 1 の各水準の母平均は，すべて等しい。

　　帰無仮説 2：要因 2 の各水準の母平均は，すべて等しい。

　　帰無仮説 3：要因 1 と要因 2 の間に交互作用はない。

　要因 1 の主効果の有意差検定をするためには，

$$F_1 = \frac{MS_1}{MS_e} = \frac{\left(SS_1 \big/ df_1\right)}{\left(SS_e \big/ df_e\right)} \tag{5-7}$$

を計算して，$P(F>F_1)<0.05$ ならば，片側検定 5% の有意水準で帰無仮説 1 を棄却する。要因 2 の主効果の有意差検定をするためには，

$$F_2 = MS_2 \big/ MS_e = \frac{\left(SS_2 \big/ df_2\right)}{\left(SS_e \big/ df_e\right)} \tag{5-8}$$

を計算して，$P(F>F_2)<0.05$ ならば，片側検定 5% の有意水準で帰無仮説 2 を棄却する。さらに，要因 1 と要因 2 の交互作用効果の有意差検定をするためには，

$$F_{12} = MS_{12} \big/ MS_e = \frac{\left(SS_{12} \big/ df_{12}\right)}{\left(SS_e \big/ df_e\right)} \tag{5-9}$$

を計算して，$P(F>F_{12})<0.05$ ならば，片側検定 5% の有意水準で帰無仮説 3 を棄却する。ただし，

$$SS_1 = m_2 n \sum_{i=1}^{m_1} \left(\bar{x}_{i\cdot\cdot} - \bar{x}_{\cdot\cdot\cdot}\right)^2$$
$$df_1 = m_1 - 1 \tag{5-10}$$

$$SS_2 = m_1 n \sum_{j=1}^{m_2} \left(\bar{x}_{\cdot j\cdot} - \bar{x}_{\cdot\cdot\cdot}\right)^2$$
$$df_2 = m_2 - 1 \tag{5-11}$$

$$SS_{12} = n \sum_{i=1}^{m_1} \sum_{j=1}^{m_2} \left(\bar{x}_{ij\cdot} - \bar{x}_{i\cdot\cdot} - \bar{x}_{\cdot j\cdot} + \bar{x}_{\cdot\cdot\cdot}\right)^2$$
$$df_{12} = (m_1 - 1)(m_2 - 1) \tag{5-12}$$

$$SS_e = \sum_{i=1}^{m_1} \sum_{j=1}^{m_2} \sum_{k=1}^{n} \left(x_{ijk} - \bar{x}_{ij\cdot}\right)^2$$
$$df_e = m_1 m_2 (n-1) \tag{5-13}$$

そして，m_1 は要因 1 の水準数，m_2 は要因 2 の水準数，n は要因 1 の水準 i と要因 2 の水準 j に同時に属する被験者数である。さらに，$\bar{x}_{i\cdot\cdot}$, $\bar{x}_{\cdot j\cdot}$ は順に，要因 2 をこみにした時の要因 1 の水準 i の標本平均，要因 1 をこみにした時の要因

2 の水準 j の標本平均を表し，$\bar{x}_{ij\cdot}$ は要因 1 の水準 i と要因 2 の水準 j に同時に属するデータの標本平均，そして，x_{ijk} は要因 1 の水準 i と要因 2 の水準 j に属する個人 k のデータを表す．これらを使用して，対応のない 2 要因分散分析の関数 manova2_rep0 は，以下のように作成される．ただし，引数 x は，行を個人，列を要因とするデータ行列（要因 1 の各水準の下に要因 2 のすべての水準が配列されている行列（表 5-1 参照））で，m1, m2, n は，順に要因 1 の水準数，要因 2 の水準数，要因 1 の水準 i と要因 2 の水準 j に同時に属する標本の大きさを意味する．

```
manova2_rep0<-function(x,m1,m2,n){
x<-array(x,c(n,m2,m1));x<-aperm(x,c(3,2,1))
gmx<-mean(x);mx1<-apply(x,1,mean)
mx2<-apply(x,2,mean);mx12<-apply(x,c(1,2),mean)
print(cbind(mx1))
print(cbind(mx2))
print("mx12")
print(cbind(mx12))
print(cbind(gmx))
n2<-m1*m2
SS1<-m2*n*sum((mx1-gmx)^2);SS2<-m1*n*sum((mx2-gmx)^2)
mx1.mat<-matrix(rep(mx1,m2),ncol=m2,byrow=F)
mx2.mat<-matrix(rep(mx2,m1),nrow=m1,byrow=T)
gmx.mat<-matrix(rep(gmx,n2),ncol=m2,byrow=T)
SS12<-n*sum((mx12-mx1.mat-mx2.mat+gmx.mat)^2)
x2<-array(rep(mx12,n),c(m1,m2,n))
SSe<-sum((x-x2)^2)
df1<-m1-1;df2<-m2-1;df12<-(m1-1)*(m2-1);dfe<-m1*m2*(n-1)
MS1<-SS1/df1;MS2<-SS2/df2;MS12<-SS12/df12;MSe<-SSe/dfe
F1<-MS1/MSe;F2<-MS2/MSe;F12<-MS12/MSe
P1<-1-pf(F1,df1,dfe);P2<-1-pf(F2,df2,dfe)
```

```
P12<-1-pf(F12,df12,dfe)
print(cbind(SS1,df1,MS1,F1,P1))
print(cbind(SS2,df2,MS2,F2,P2))
print(cbind(SS12,df12,MS12,F12,P12))
print(cbind(SSe,dfe,MSe))
if(P1 < 0.05) print("Factor 1 is significant")
    else print("Factor 1 is not significant")
if(P2 < 0.05) print("Factor 2 is significant")
    else print("Factor 2 is not significant")
if(P12 < 0.05) print("Factor 12 is significant")
    else print("Factor 12 is not significant")
}
```

これを以下のようにして実行すると,

```
x<-matrix(scan("data1-manova2.txt"),ncol=6,byrow=T)
m1<-3;m2<-2;n<-5
manova2_rep0(x,m1,m2,n)
```

表5-1 性別別 (B_1(男),B_2(女))にみた3つの教授法 (A_1, A_2, A_3)のもとでの英語のテスト得点(ただし,$\bar{x}_{ij\cdot}$はA_iB_j条件の標本平均, $\bar{x}_{i\cdot\cdot}$はA_i条件の標本平均, $\bar{x}_{\cdot\cdot\cdot}$は全標本平均を表す)

要因A		A_1		A_2		A_3	
要因B		B_1	B_2	B_1	B_2	B_1	B_2
被験者	1	9	7	8	7	6	6
	2	9	6	7	6	7	5
	3	7	5	6	7	6	3
	4	8	6	4	5	5	4
	5	8	5	5	8	7	5
平均	$\bar{x}_{ij\cdot}$	8.2	5.8	6.0	6.6	6.2	4.6
	$\bar{x}_{i\cdot\cdot}$	7.0		6.3		5.4	
	$\bar{x}_{\cdot\cdot\cdot}$	6.233333					

ただし，data1-manova2.txt には，表 5-1 のデータが以下のような形式でテキストファイルとして保存しておく。

```
9  7  8  7  6  6
9  6  7  6  7  5
7  5  6  7  6  3
8  6  4  5  5  4
8  5  5  8  7  5
```

そして，実行によって次のような出力を得る。

```
Read 30 items
       mx1
[1,]   7.0
[2,]   6.3
[3,]   5.4
          mx2
[1,]  6.800000
[2,]  5.666667
[1] "mx12"
      [,1]  [,2]
[1,]  8.2   5.8
[2,]  6.0   6.6
[3,]  6.2   4.6
         gmx
[1,]  6.233333
            SS1 df1         MS1          F1           P1
[1,]    12.86667   2    6.433333    5.361111   0.01189172
            SS2 df2         MS2          F2           P2
[1,]     9.633333   1    9.633333    8.027778   0.009187997
```

```
            SS12    df12       MS12       F12        P12
[1,]    12.06667      2    6.033333   5.027778   0.01500649
           SSe       dfe        MSe
[1,]      28.8       24        1.2
[1] "Factor 1 is significant"
[1] "Factor 2 is significant"
[1] "Factor 12 is significant"
```

上の出力において，mx1 は要因 1 の各水準の標本平均 ($\bar{x}_{i..}$) を，mx2 は要因 2 の各水準の標本平均 ($\bar{x}_{.j.}$) を，mx12 は要因 1 と要因 2 の各水準に同時に属するデータの標本平均 ($\bar{x}_{ij.}$) を表す．要因 1(Factor 1)，要因 2(Factor 2)，および，交互作用 (Factor 12) すべて，片側検定 5% の有意水準で有意となる．

5.2.2　1 要因において対応のある 2 要因分散分析の関数

2 要因のうち，要因 2 に対応があるとすると，要因 2 において対応のある 2 要因分散分析の全変動は，被験者間変動 ($SS_{between}$) と被験者内変動 (SS_{within}) に分解される．そして，被験者間変動は，要因 1 の主効果の変動 (SS_1) と被験者間誤差変動 ($SS_{e.1}$) に分解され，被験者内変動は，要因 2 の主効果の変動 (SS_2) と要因 1 と要因 2 の交互作用の変動 (SS_{12}) と被験者内誤差変動 ($SS_{e.2}$) に分解される．これをもとにして，要因 2 において対応のある 2 要因分散分析では，F 分布を利用して，要因 1 の主効果の有意差検定をするためには，

$$F_1 = MS_1 \Big/ MS_{e \cdot 1} = \frac{\left(SS_1 \big/ df_1 \right)}{\left(SS_{e \cdot 1} \big/ df_{e \cdot 1} \right)} \tag{5-14}$$

を計算して，$P(F>F_1)<0.05$ ならば，片側検定 5% の有意水準で帰無仮説 1 を棄却する．要因 2 の主効果の有意差検定をするためには，

$$F_2 = MS_2 / MS_{e \cdot 2} = \frac{\left(SS_2 / df_2\right)}{\left(SS_{e \cdot 2} / df_{e \cdot 2}\right)} \tag{5-15}$$

を計算して，$P(F > F_2) < 0.05$ ならば，片側検定 5% の有意水準で帰無仮説 2 を棄却する。さらに，要因 1 と要因 2 の交互作用効果の有意差検定をするためには，

$$F_{12} = MS_{12} / MS_{e \cdot 2} = \frac{\left(SS_{12} / df_{12}\right)}{\left(SS_{e \cdot 2} / df_{e \cdot 2}\right)} \tag{5-16}$$

を計算して，$P(F > F_{12}) < 0.05$ ならば，片側検定 5% の有意水準で帰無仮説 3 を棄却する。ただし，

$$SS_1 = m_2 n \sum_{i=1}^{m_1} \left(\overline{x}_{i \cdot \cdot} - \overline{x}_{\cdot \cdot \cdot}\right)^2$$
$$df_1 = m_1 - 1 \tag{5-17}$$

$$SS_{e \cdot 1} = m_2 \sum_{i=1}^{m_1} \sum_{k=1}^{n} \left(\overline{x}_{i \cdot k} - \overline{x}_{i \cdot \cdot}\right)^2$$
$$df_{e \cdot 1} = m_1 (n - 1) \tag{5-18}$$

$$SS_2 = m_1 n \sum_{j=1}^{m_2} \left(\overline{x}_{\cdot j \cdot} - \overline{x}_{\cdot \cdot \cdot}\right)^2$$
$$df_2 = m_2 - 1 \tag{5-19}$$

$$SS_{12} = n \sum_{i=1}^{m_1} \sum_{j=1}^{m_2} \left(\overline{x}_{ij \cdot} - \overline{x}_{i \cdot \cdot} - \overline{x}_{\cdot j \cdot} + \overline{x}_{\cdot \cdot \cdot}\right)^2$$
$$df_{12} = (m_1 - 1)(m_2 - 1) \tag{5-20}$$

$$SS_{e \cdot 2} = \sum_{i=1}^{m_1} \sum_{j=1}^{m_2} \sum_{k=1}^{n} \left(x_{ijk} - \overline{x}_{ij \cdot} - \overline{x}_{i \cdot k} + \overline{x}_{i \cdot \cdot}\right)^2$$
$$df_{e \cdot 2} = m_1 (m_2 - 1)(n - 1) \tag{5-21}$$

5.2 2要因分散分析のための関数

そして，m_1 は要因 1 の水準数，m_2 は要因 2 の水準数，n は要因 1 の水準 i と要因 2 の水準 j に同時に属する標本の大きさである．これらを使用して，要因 2 において対応のある 2 要因分散分析の関数 manova2_rep1 は，以下のように作成される．ただし，引数 x は，行を個人，列を要因とするデータ行列（要因 1 の各水準の下に要因 2 のすべての水準が配列されている行列）で，m1, m2, n は，順に要因 1 の水準数，要因 2 の水準数，要因 1 の水準 i と要因 2 の水準 j に同時に属する標本の大きさを意味する．

```
manova2_rep1<-function(x,m1,m2,n){
x<-array(x,c(n,m2,m1));x<-aperm(x,c(3,2,1))
gmx<-mean(x);mx1<-apply(x,1,mean);mx2<-apply(x,2,mean)
mx12<-apply(x,c(1,2),mean);mx13<-apply(x,c(1,3),mean)
print(cbind(mx1));print(cbind(mx2));print("mx12")
print(cbind(mx12));print(cbind(gmx))
n2<-m1*m2
SS1<-m2*n*sum((mx1-gmx)^2);SS2<-m1*n*sum((mx2-gmx)^2)
mx1.mat<-matrix(rep(mx1,m2),ncol=m2,byrow=F)
mx1.mat2<-matrix(rep(mx1,n),nrow=m1,byrow=F)
mx2.mat<-matrix(rep(mx2,m1),nrow=m1,byrow=T)
gmx.mat<-matrix(rep(gmx,n2),ncol=m2,byrow=T)
SS12<-n*sum((mx12-mx1.mat-mx2.mat+gmx.mat)^2)
x2<-array(rep(mx12,n),c(m1,m2,n))
SSe.1<-m2*sum((mx13-mx1.mat2)^2)
mx12.array<-array(rep(mx12,n),c(m1,m2,n))
mx13.array<-aperm(array(rep(mx13,m2),c(m1,n,m2))
,c(1,3,2))
mx1.array<-array(rep(mx1.mat,n),c(m1,m2,n))
SSe.2<-sum((x-mx12.array-mx13.array+mx1.array)^2)
df1<-m1-1;df2<-m2-1;df12<-(m1-1)*(m2-1)
dfe.1<-m1*(n-1);dfe.2<-m1*(m2-1)*(n-1)
```

```
  MS1<-SS1/df1;MS2<-SS2/df2;MS12<-SS12/df12
  MSe.1<-SSe.1/dfe.1;MSe.2<-SSe.2/dfe.2
  F1<-MS1/MSe.1;F2<-MS2/MSe.2;F12<-MS12/MSe.2
  P1<-1-pf(F1,df1,dfe.1);P2<-1-pf(F2,df2,dfe.2)
  P12<-1-pf(F12,df12,dfe.2)
  print(cbind(SS1,df1,MS1,F1,P1))
  print(cbind(SS2,df2,MS2,F2,P2))
  print(cbind(SS12,df12,MS12,F12,P12))
  print(cbind(SSe.1,dfe.1,MSe.1))
  print(cbind(SSe.2,dfe.2,MSe.2))
  if(P1 < 0.05) print("Factor 1 is significant")
     else print("Factor 1 is not significant")
  if(P2 < 0.05) print("Factor 2 is significant")
     else print("Factor 2 is not significant")
  if(P12 < 0.05) print("Factor 12 is significant")
     else print("Factor 12 is not significant")
}
```

manova2_rep1 を data1-manova2.txt を用いて以下のように実行する。

```
x<-matrix(scan("data1-manova2.txt"),ncol=6,byrow=T)
m1<-3;m2<-2;n<-5
manova2_rep1(x,m1,m2,n)
```

そして，次の出力を得る。

```
Read 30 items
        mx1
[1,]  7.0
[2,]  6.3
```

```
         [3,]  5.4
               mx2
         [1,]  6.800000
         [2,]  5.666667
         [1] "mx12"
               [,1]  [,2]
         [1,]  8.2   5.8
         [2,]  6.0   6.6
         [3,]  6.2   4.6
               gmx
         [1,]  6.233333
                SS1     df1      MS1        F1          P1
         [1,]  12.86667   2    6.433333   3.86      0.05077454
                SS2     df2      MS2        F2          P2
         [1,]  9.633333   1    9.633333  13.13636   0.003486249
                SS12    df12     MS12       F12         P12
         [1,]  12.06667   2    6.033333   8.227273  0.005625713
                SSe.1   dfe.1    MSe.1
         [1,]    20      12     1.666667
                SSe.2   dfe.2    MSe.2
         [1,]    8.8     12     0.7333333
         [1] "Factor 1 is not significant"
         [1] "Factor 2 is significant"
         [1] "Factor 12 is significant"
```

5.2.3　2要因において対応のある2要因分散分析の関数

2要因において対応のある2要因分散分析の全変動は，被験者間変動 ($SS_{between}$) と被験者内変動 (SS_{within}) に分解される。そして，被験者内変動は，要因1の主効果の変動 (SS_1) と要因1の誤差変動 ($SS_{e.1}$)，要因2の主効果の変動

(SS_2) と要因 2 の誤差変動 ($SS_{e\cdot2}$) と要因 1 と要因 2 の交互作用の変動 (SS_{12}) と交互作用誤差変動 ($SS_{e\cdot12}$) に分解される。これをもとにして，2 要因において対応のある 2 要因分散分析では，F 分布を利用して，要因 1 の主効果の有意差検定をするためには，

$$F_1 = MS_1 / MS_{e\cdot1} = \frac{\left(SS_1 / df_1\right)}{\left(SS_{e\cdot1} / df_{e\cdot1}\right)} \tag{5-22}$$

を計算して，$P(F > F_1) < 0.05$ ならば，片側検定 5% の有意水準で帰無仮説 1 を棄却する。要因 2 の主効果の有意差検定をするためには，

$$F_2 = MS_2 / MS_{e\cdot2} = \frac{\left(SS_2 / df_2\right)}{\left(SS_{e\cdot2} / df_{e\cdot2}\right)} \tag{5-23}$$

を計算して，$P(F > F_2) < 0.05$ ならば，片側検定 5% の有意水準で帰無仮説 2 を棄却する。さらに，要因 1 と要因 2 の交互作用効果の有意差検定をするためには，

$$F_{12} = MS_{12} / MS_{e\cdot12} = \frac{\left(SS_{12} / df_{12}\right)}{\left(SS_{e\cdot12} / df_{e\cdot12}\right)} \tag{5-24}$$

を計算して，$P(F > F_{12}) < 0.05$ ならば，片側検定 5% の有意水準で帰無仮説 3 を棄却する。ただし，

$$SS_1 = m_2 n \sum_{i=1}^{m_1} \left(\bar{x}_{i\cdot\cdot} - \bar{x}_{\cdot\cdot\cdot}\right)^2$$
$$df_1 = m_1 - 1 \tag{5-25}$$

$$SS_{e\cdot1} = m_2 \sum_{i=1}^{m_1} \sum_{k=1}^{n} \left(\bar{x}_{i\cdot k} - \bar{x}_{i\cdot\cdot} - \bar{x}_{\cdot\cdot k} + \bar{x}_{\cdot\cdot\cdot}\right)^2$$
$$df_{e\cdot1} = (m_1 - 1)(n - 1) \tag{5-26}$$

$$SS_2 = m_1 n \sum_{j=1}^{m_2} (\bar{x}_{\cdot j \cdot} - \bar{x}_{\cdots})^2$$

$$df_2 = m_2 - 1 \tag{5-27}$$

$$SS_{e \cdot 2} = m_1 \sum_{j=1}^{m_2} \sum_{k=1}^{n} (\bar{x}_{\cdot jk} - \bar{x}_{\cdot j \cdot} - \bar{x}_{\cdot \cdot k} + \bar{x}_{\cdots})^2$$

$$df_{e \cdot 2} = (m_2 - 1)(n - 1) \tag{5-28}$$

$$SS_{12} = n \sum_{i=1}^{m_1} \sum_{j=1}^{m_2} (\bar{x}_{ij \cdot} - \bar{x}_{i \cdot \cdot} - \bar{x}_{\cdot j \cdot} + \bar{x}_{\cdots})^2$$

$$df_{12} = (m_1 - 1)(m_2 - 1) \tag{5-29}$$

$$SS_{e \cdot 12} = \sum_{i=1}^{m_1} \sum_{j=1}^{m_2} \sum_{k=1}^{n} (x_{ijk} - \bar{x}_{ij \cdot} - \bar{x}_{i \cdot k} - \bar{x}_{\cdot jk} + \bar{x}_{i \cdot \cdot} + \bar{x}_{\cdot j \cdot} + \bar{x}_{\cdot \cdot k} - \bar{x}_{\cdots})^2$$

$$df_{e \cdot 12} = (m_1 - 1)(m_2 - 1)(n - 1) \tag{5-30}$$

そして，m_1 は要因1の水準数，m_2 は要因2の水準数，n は要因1の水準 i と要因2の水準 j に同時に属する標本の大きさである．これらを使用して，2要因において対応のある2要因分散分析の関数 manova2_rep2 は，以下のように作成される．ただし，引数 x は，行を個人，列を要因とするデータ行列（要因1の各水準の下に要因2のすべての水準が配列されている行列）で，m1，m2，n は，順に要因1の水準数，要因2の水準数，要因1の水準 i と要因2の水準 j に同時に属する標本の大きさを意味する．

```
manova2_rep2<-function(x,m1,m2,n){
x<-array(x,c(n,m2,m1));x<-aperm(x,c(3,2,1))
gmx<-mean(x);mx1<-apply(x,1,mean);mx2<-apply(x,2,mean)
mx3<-apply(x,3,mean);mx12<-apply(x,c(1,2),mean)
mx13<-apply(x,c(1,3),mean);mx23<-apply(x,c(2,3),mean)
print(cbind(mx1));print(cbind(mx2));print("mx12")
print(cbind(mx12));print(cbind(gmx))
n2<-m1*m2;n13<-m1*n;n23<-m2*n;n123<-m1*m2*n
SS1<-m2*n*sum((mx1-gmx)^2);SS2<-m1*n*sum((mx2-gmx)^2)
```

```
mx1.mat<-matrix(rep(mx1,m2),ncol=m2,byrow=F)
mx1.mat2<-matrix(rep(mx1,n),nrow=m1,byrow=F)
mx2.mat<-matrix(rep(mx2,m1),ncol=m2,byrow=T)
gmx.mat<-matrix(rep(gmx,n2),ncol=m2,byrow=T)
SS12<-n*sum((mx12-mx1.mat-mx2.mat+gmx.mat)^2)
x2<-array(rep(mx12,n),c(m1,m2,n))
mx1.mat13<-matrix(rep(mx1,n),nrow=m1,byrow=F)
mx3.mat13<-matrix(rep(mx3,m1),ncol=n,byrow=T)
gmx.mat13<-matrix(rep(gmx,n13),ncol=n,byrow=T)
SSe.1<-m2*sum((mx13-mx1.mat13-mx3.mat13+gmx.mat13)^2)
mx2.mat23<-matrix(rep(mx2,n),nrow=m2,byrow=F)
mx3.mat23<-matrix(rep(mx3,m2),ncol=n,byrow=T)
gmx.mat23<-matrix(rep(gmx,n23),ncol=n,byrow=T)
SSe.2<-m1*sum((mx23-mx2.mat23-mx3.mat23+gmx.mat23)^2)
mx12.array<-array(rep(mx12,n),c(m1,m2,n))
mx13.array<-aperm(array(rep(mx13,m2),c(m1,n,m2))
,c(1,3,2))
mx23.array<-aperm(array(rep(mx23,m1),c(m2,n,m1))
,c(3,1,2))
mx1.array<-array(rep(mx1.mat,n),c(m1,m2,n))
mx2.array<-array(rep(mx2.mat,n),c(m1,m2,n))
mx3.array<-aperm(array(rep(mx3.mat13,m2),c(m1,n,m2)),
c(1,3,2))
gmx.array<-array(rep(gmx,n123),c(m1,m2,n))
SSe.12<-sum((x-mx12.array-mx13.array-mx23.array+
       mx1.array+mx2.array+mx3.array-gmx.array)^2)
df1<-m1-1;df2<-m2-1;df12<-(m1-1)*(m2-1)
dfe.1<-(m1-1)*(n-1);dfe.2<-(m2-1)*(n-1)
dfe.12<-(m1-1)*(m2-1)*(n-1)
MS1<-SS1/df1;MS2<-SS2/df2;MS12<-SS12/df12
```

```
MSe.1<-SSe.1/dfe.1;MSe.2<-SSe.2/dfe.2
MSe.12<-SSe.12/dfe.12
F1<-MS1/MSe.1;F2<-MS2/MSe.2;F12<-MS12/MSe.12
P1<-1-pf(F1,df1,dfe.1);P2<-1-pf(F2,df2,dfe.2)
P12<-1-pf(F12,df12,dfe.12)
print(cbind(SS1,df1,MS1,F1,P1))
print(cbind(SS2,df2,MS2,F2,P2))
print(cbind(SS12,df12,MS12,F12,P12))
print(cbind(SSe.1,dfe.1,MSe.1))
print(cbind(SSe.2,dfe.2,MSe.2))
print(cbind(SSe.12,dfe.12,MSe.12))
if(P1 < 0.05) print("Factor 1 is significant")
    else print("Factor 1 is not significant")
if(P2 < 0.05) print("Factor 2 is significant")
    else print("Factor 2 is not significant")
if(P12 < 0.05) print("Factor 12 is significant")
    else print("Factor 12 is not significant")
}
```

この関数を以下のようにして，実行する。

```
x<-matrix(scan("data1-manova2.txt"),ncol=6,byrow=T)
m1<-3;m2<-2;n<-5
manova2_rep2(x,m1,m2,n)
```

そして，以下のような出力を得る。

```
Read 30 items
     mx1
[1,] 7.0
```

```
         [2,]  6.3
         [3,]  5.4
                  mx2
         [1,]  6.800000
         [2,]  5.666667
         [1] "mx12"
                [,1] [,2]
         [1,]   8.2  5.8
         [2,]   6.0  6.6
         [3,]   6.2  4.6
                   gmx
         [1,]  6.233333
                    SS1    df1         MS1          F1          P1
         [1,]  12.86667      2    6.433333    7.568627  0.01429265
                    SS2    df2         MS2          F2          P2
         [1,]  9.633333      1    9.633333    20.64286  0.01046967
                   SS12   df12        MS12         F12         P12
         [1,]  12.06667      2    6.033333    6.961538  0.01773184
                  SSe.1  dfe.1       MSe.1
         [1,]       6.8      8        0.85
                  SSe.2  dfe.2       MSe.2
         [1,]  1.866667      4   0.4666667
                 SSe.12 dfe.12      MSe.12
         [1,]  6.933333      8   0.8666667
         [1] "Factor 1 is significant"
         [1] "Factor 2 is significant"
         [1] "Factor 12 is significant"
```

# 分散分析のための関数を作る（標本の大きさが異なる場合） 6

6.1 対応がなく，標本の大きさが異なる場合の 1 要因分散分析の関数

　分散分析は，基本的には各セルの標本の大きさが等しい方がよいと思われるが，何らかの事情で標本の大きさが異なる場合の分散分析の関数を作成することを考える。表 6-1 のデータに示すように，欠損値があり，標本の大きさが異なる場合を考えよう。

水準 j の標本の大きさを n_j とすると，級間変動の平方和 SS_b は，

$$SS_b = \sum_{j=1}^{m} n_j \left(\bar{x}_{.j} - \bar{x}_{..}\right)^2$$
$$df_b = m - 1 \tag{6-1}$$

表 6-1 標本の大きさが異なる場合の 1 要因分散分析

A_1	A_2	A_3
9	8	6
9	7	7
7	6	6
8	4	5
8	5	
7	7	
6		
5		
6		
5		

となる。ただし，m は水準数を表す。そして，誤差変動（SS_e）は

$$SS_e = \sum_{j=1}^{m}\sum_{i=1}^{n_j}(x_{ij} - \bar{x}_{..})^2 - \sum_{j=1}^{m}n_j(\bar{x}_{.j} - \bar{x}_{..})^2$$

$$df_e = \sum_{j=1}^{m}n_j - m \tag{6-2}$$

これより

$$F = MS_b/MS_e = \frac{SS_b/df_b}{SS_e/df_e} \tag{6-3}$$

よって，求める関数 anova_dif は，以下のようになる。ただし，x は，行を個人，列を要因の水準とするデータ行列で，a は欠損値を表す数値である。

```
anova_dif<-function(x,a){
m<-ncol(x)
mx<-rep(0,m);nj<-rep(0,m)
for (j in 1:m){
xj<-x[,j]
nj[j]<-length(xj[xj!=a])    # 各水準の標本の大きさの計算
mx[j]<-mean(xj[xj!=a])      # 各水準の平均の計算
}
gmx<-sum(mx*nj)/sum(nj)       # 全平均の計算
SSb<-sum((mx-gmx)^2*nj)       # 級間変動の計算
SSt<-sum((c(x)[c(x)!=a]-gmx)^2)    # 全変動の計算
SSe<-SSt-SSb       # 誤差変動の計算
dfb<-m-1
dfe<-sum(nj)-m
MSb<-SSb/dfb
MSe<-SSe/dfe
F1<-MSb/MSe
```

```
P1<-1-pf(F1,dfb,dfe)
print(cbind(gmx))         # 全平均の出力
print(cbind(mx,nj))       # 各水準の平均値および標本の大きさの出力
print(cbind(SSb,dfb,MSb,F1,P1))
print(cbind(SSe,dfe,MSe))
print(cbind(SSt))
if(P1 < 0.05) print("significant")
  else print("not significant")
}
```

欠損値を −1 と定義して，data1-anova-dif.txt には，

9	8	6
9	7	7
7	6	6
8	4	5
8	5	-1
7	7	-1
6	-1	-1
5	-1	-1
6	-1	-1
5	-1	-1

のように，データを書き込む。そして，これを以下のように実行すると，

```
x<-matrix(scan("data1-anova-dif.txt"),ncol=3,byrow=T)
a<--1
anova_dif(x,a)
```

次の出力を得る。

```
Read 30 items
        gmx
[1,]   6.55
            mx nj
[1,]  7.000000 10
[2,]  6.166667  6
[3,]  6.000000  4
         SSb dfb       MSb        F1        P1
[1,] 4.116667   2 2.058333 1.065736 0.3663992
         SSe dfe       MSe
[1,] 32.83333  17 1.931373
       SSt
[1,] 36.95
[1] "not significant"
```

6.2 対応がなく，標本の大きさが異なる場合の2要因分散分析の関数

　各セルの標本の大きさが異なる2要因分散分析の場合は，標本の大きさの調和平均を用いることによって，以下のように計算される。第1要因の水準を i, 水準数を m_1 第2要因の水準を j, 水準数を m_2 として，n_{ij} を要因1の水準 i と要因2の水準 j に同時に属する標本の大きさとする。これより，調和平均 hm は，

$$hm = \frac{m_1 m_2}{\sum_{i=1}^{m_1}\sum_{j=1}^{m_2}(1/n_{ij})} \tag{6-4}$$

によって表わされる。このとき，

6.2 対応がなく，標本の大きさが異なる場合の2要因分散分析の関数

$$SS_1 = hm\left(m_2\sum_{i=1}^{m_1}\overline{x}_{i\cdot}^{\,2} - \left(\sum_{i=1}^{m_1}\sum_{j=1}^{m_2}\overline{x}_{ij}\right)^2 \middle/ (m_1 m_2)\right)$$

$$df_1 = m_1 - 1$$

(6-5)

$$SS_2 = hm\left(m_1\sum_{j=1}^{m_2}\overline{x}_{\cdot j}^{\,2} - \left(\sum_{i=1}^{m_1}\sum_{j=1}^{m_2}\overline{x}_{ij}\right)^2 \middle/ (m_1 m_2)\right)$$

$$df_2 = m_2 - 1$$

(6-6)

$$SS_{12} = hm\left(\sum_{i=1}^{m_1}\sum_{j=1}^{m_2}\overline{x}_{ij}^{\,2} - m_2\sum_{i=1}^{m_1}\overline{x}_{i\cdot}^{\,2} - m_1\sum_{j=1}^{m_2}\overline{x}_{\cdot j}^{\,2} + \frac{\left(\sum_{i=1}^{m_1}\sum_{j=1}^{m_2}\overline{x}_{ij}\right)^2}{(m_1 m_2)}\right)$$

$$df_{12} = (m_1 - 1)(m_2 - 1)$$

(6-7)

$$SS_e = \sum_{i=1}^{m_1}\sum_{j=1}^{m_2}\sum_{k=1}^{n_{ij}} x_{ijk}^{\,2} - \sum_{i=1}^{m_1}\sum_{j=1}^{m_2}\frac{\left(\sum_{k=1}^{n_{ij}} x_{ijk}\right)^2}{n_{ij}}$$

$$df_e = \sum_{i=1}^{m_1}\sum_{j=1}^{m_2} n_{ij} - m_1 m_2$$

(6-8)

ただし，$\overline{x}_{ij}$は要因1の水準iで，かつ，要因2の水準jの標本平均を意味し，そして，$\overline{x}_{i\cdot}$，$\overline{x}_{\cdot j}$は順に，第1要因の各水準iごとの非加重平均，第2要因の各水準jごとの非加重平均を意味し，

$$\overline{x}_{i\cdot} = \frac{\sum_{j=1}^{m_2}\overline{x}_{ij}}{m_2}$$

(6-9)

である。

$$\bar{x}_{.j} = \frac{\sum_{i=1}^{m_1} \bar{x}_{ij}}{m_1} \tag{6-10}$$

である。これより

$$F_1 = MS_1/MS_e = \frac{SS_1/df_1}{SS_e/df_e} \tag{6-11}$$

$$F_2 = MS_2/MS_e = \frac{SS_2/df_2}{SS_e/df_e} \tag{6-12}$$

$$F_{12} = MS_{12}/MS_e = \frac{SS_{12}/df_{12}}{SS_e/df_e} \tag{6-13}$$

となる。これをもとに，標本の大きさが異なる，対応のない2要因分散分析の関数 manova2_rep0_dif2 を作成すると，以下のようになる。ただし，引数 x は，行を個人，列を要因とするデータ行列（要因1の各水準の下に要因2のすべての水準が配列されている行列）で，m1, m2, n, a は，順に要因1の水準数，要因2の水準数，要因1の水準 i と要因2の水準 j に同時に属する標本の大きさの最大値（$n=max(n_{ij})$），欠損値を意味する。

```
manova2_rep0_dif2<-function(x,m1,m2,n,a){
x<-array(x,c(n,m2,m1))
x<-aperm(x,c(3,2,1))
x0<-c(x)[c(x)!=a]
gmx<-mean(c(x)[c(x)!=a])
nij<-matrix(0,nrow=m1,ncol=m2)
sumxij<-matrix(0,nrow=m1,ncol=m2)
mxij<-matrix(0,nrow=m1,ncol=m2)
for ( i in 1:m1) for ( j in 1:m2){
xij<-x[i,j,]
nij[i,j]<-length(xij[xij!=a])
sumxij[i,j]<-sum(xij[xij!=a])
```

```
mxij[i,j]<-sumxij[i,j]/nij[i,j]
}
print("mean of each cell")
print(mxij)
hm<-m1*m2/(sum(1/nij))
SS1<-hm*(m2*sum(apply(mxij,1,mean)^2)
-(sum(mxij))^2/(m1*m2))
SS2<-hm*(m1*sum(apply(mxij,2,mean)^2)
-(sum(mxij))^2/(m1*m2))
SS12<-hm*(sum(mxij^2)-m2*sum(apply(mxij,1,mean)^2)
-m1*sum(apply(mxij,2,mean)^2)+(sum(mxij))^2/(m1*m2))
SSe<-sum(x0^2)-sum(sumxij^2/nij)
df1<-m1-1
df2<-m2-1
df12<-(m1-1)*(m2-1)
dfe<-sum(nij)-m1*m2
MS1<-SS1/df1
MS2<-SS2/df2
MS12<-SS12/df12
MSe<-SSe/dfe
F1<-MS1/MSe
F2<-MS2/MSe
F12<-MS12/MSe
P1<-1-pf(F1,df1,dfe)
P2<-1-pf(F2,df2,dfe)
P12<-1-pf(F12,df12,dfe)
print(cbind(SS1,df1,MS1,F1,P1))
print(cbind(SS2,df2,MS2,F2,P2))
print(cbind(SS12,df12,MS12,F12,P12))
print(cbind(SSe,dfe,MSe))
```

```
if(P1 < 0.05) print("Factor 1 is significant")
    else print("Factor 1 is not significant")
if(P2 < 0.05) print("Factor 2 is significant")
    else print("Factor 2 is not significant")
if(P12 < 0.05) print("Factor 12 is significant")
    else print("Factor 12 is not significant")
}
```

表6-2に示すように,第1要因が3水準,第2要因が2水準で,要因1の水準iと要因2の水準jに同時に属する標本の大きさの異なるデータがあるとする。そして,欠損値を-1として,data1-manova2-dif2.txtには,次のようなデータが書き込まれているとする。なお,欠損値はデータと異なる数値にする。

表6-2 標本の大きさが異なる2要因分散分析

A_1		A_2		A_3	
B_1	B_2	B_1	B_2	B_1	B_2
9	7	8	7	6	6
9	6	7	6		5
	5	6	7		
	6		5		
			8		
			7		

```
            9    7    8    7    6    6
            9    6    7    6   -1    5
           -1    5    6    7   -1   -1
           -1    6   -1    5   -1   -1
           -1   -1   -1    8   -1   -1
           -1   -1   -1    7   -1   -1
```

6.2 対応がなく，標本の大きさが異なる場合の 2 要因分散分析の関数

そして，以下のようにして実行すると，

```
x<-matrix(scan("data1-manova2-dif2.txt"),
ncol=6,byrow=T)
m1<-3
m2<-2
n<-6
a<- -1
manova2_rep0_dif2(x,m1,m2,n,a)
```

次の出力を得る。

```
Read 36 items
[1] "mean of each cell"
     [,1]      [,2]
[1,]   9  6.000000
[2,]   7  6.666667
[3,]   6  5.500000
         SS1 df1      MS1       F1        P1
[1,] 6.808081   2 3.404040 4.154083 0.04256603
         SS2 df2      MS2       F2        P2
[1,] 5.343434   1 5.343434 6.520801 0.02529829
         SS12 df12     MS12      F12       P12
[1,] 4.868687    2 2.434343 2.970724 0.08952462
         SSe dfe      MSe
[1,] 9.833333  12 0.8194444
[1] "Factor 1 is significant"
[1] "Factor 2 is significant"
[1] "Factor 12 is not significant"
```

6.3 標本の大きさが異なる, 1要因（要因2）において対応のある2要因分散分析の関数

要因1の水準 i と要因2の水準 j に同時に属する標本の大きさが異なる，1要因（要因2）において対応のある2要因分散分析の場合も，標本の大きさの調和平均を用いることによって，以下のように計算される。第1要因の水準を i, 水準数を m_1, 第2要因の水準を j, 水準数を m_2 として, n_{ij} を要因1の水準 i と要因2の水準 j に同時に属する標本の大きさ, $n_{i\cdot}$ を第1要因の水準 i の標本の大きさ，すなわち, $n_{i\cdot} = \sum_{j=1}^{m_2} n_{ij}/m_2$ とする。これより，調和平均 hm は，

$$hm = \frac{m_1 m_2}{\sum_{i=1}^{m_1}\sum_{j=1}^{m_2}\left(1/n_{ij}\right)} \tag{6-14}$$

によって表わされる。このとき,

$$SS_1 = hm\left(m_2\sum_{i=1}^{m_1}\bar{x}_{i\cdot}^2 - \frac{\left(\sum_{i=1}^{m_1}\sum_{j=1}^{m_2}\bar{x}_{ij}\right)^2}{(m_1 m_2)}\right)$$

$$df_1 = m_1 - 1 \tag{6-15}$$

$$SS_2 = hm\left(m_1\sum_{j=1}^{m_2}\bar{x}_{\cdot j}^2 - \frac{\left(\sum_{i=1}^{m_1}\sum_{j=1}^{m_2}\bar{x}_{ij}\right)^2}{(m_1 m_2)}\right)$$

$$df_2 = m_2 - 1 \tag{6-16}$$

6.3 標本の大きさが異なる,1 要因（要因 2）において対応のある 2 要因分散分析の関数

$$SS_{12} = hm\left(\sum_{i=1}^{m_1}\sum_{j=1}^{m_2}\overline{x}_{ij}{}^2 - m_2\sum_{i=1}^{m_1}\overline{x}_{i\cdot}{}^2 - m_1\sum_{j=1}^{m_2}\overline{x}_{\cdot j}{}^2 + \frac{\left(\sum_{i=1}^{m_1}\sum_{j=1}^{m_2}\overline{x}_{ij}\right)^2}{(m_1 m_2)}\right)$$

$$df_{12} = (m_1 - 1)(m_2 - 1) \tag{6-17}$$

$$SS_{e\cdot 1} = \frac{\sum_{i=1}^{m_1}\sum_{k=1}^{n_i}\left(\sum_{j=1}^{m_2} x_{ijk}\right)^2}{m_2} - \sum_{i=1}^{m_1}\frac{\left(\sum_{j=1}^{m_2}\sum_{k=1}^{n_{ij}} x_{ijk}\right)^2}{\sum_{j=1}^{m_2} n_{ij}}$$

$$df_{e\cdot 1} = \frac{\sum_{i=1}^{m_1}\sum_{j=1}^{m_2} n_{ij}}{m_2} - m_1 \tag{6-18}$$

$$SS_{e\cdot 2} = \sum_{i=1}^{m_1}\sum_{j=1}^{m_2}\sum_{k=1}^{n_{ij}} x_{ijk}{}^2 - \sum_{i=1}^{m_1}\sum_{j=1}^{m_2}\frac{\left(\sum_{k=1}^{n_{ij}} x_{ijk}\right)^2}{n_{ij}} - \sum_{i=1}^{m_1}\sum_{k=1}^{n_i}\frac{\left(\sum_{j=1}^{m_2} x_{ijk}\right)^2}{m_2} + \sum_{i=1}^{m_1}\frac{\left(\sum_{j=1}^{m_2}\sum_{k=1}^{n_{ij}} x_{ijk}\right)^2}{\sum_{j=1}^{m_2} n_{ij}}$$

$$df_{e\cdot 2} = \left(\frac{\left(\sum_{i=1}^{m_1}\sum_{j=1}^{m_2} n_{ij}\right)}{m_2} - m_1\right)(m_2 - 1) \tag{6-19}$$

ただし，$\overline{x}_{ij}$ は要因 1 の水準 i で，かつ，要因 2 の水準 j の標本平均を意味し，$\overline{x}_{i\cdot}$，$\overline{x}_{\cdot j}$，順に，第 1 要因の各水準 i ごとの非加重平均，第 2 要因の各水準 j ごとの非加重平均を意味し，

$$\overline{x}_{i\cdot} = \sum_{j=1}^{m_2}\overline{x}_{ij} \Big/ m_2 \tag{6-20}$$

$$\overline{x}_{\cdot j} = \sum_{i=1}^{m_1}\overline{x}_{ij} \Big/ m_1 \tag{6-21}$$

である．

これをもとに，標本の大きさが異なる，1要因（要因2）において対応のある2要因分散分析の関数 manova2_rep1_dif1 を作成すると，以下のようになる．ただし，引数 x は，行を個人，列を要因とするデータ行列（要因1の各水準の下に要因2のすべての水準が配列されている行列）で，引数 m1, m2, n, a は，順に要因1の水準数，要因2の水準数，要因1の水準 i と要因2の水準 j に同時に属する標本の大きさの最大値（$n = max(n_{ij})$），欠損値を意味する．

```
manova2_rep1_dif1<-function(x,m1,m2,n,a){
x<-array(x,c(n,m2,m1))
x<-aperm(x,c(3,2,1))
x0<-c(x)[c(x)!=a]
gmx<-mean(x0)
nij<-matrix(0,nrow=m1,ncol=m2)
nik<-matrix(0,nrow=m1,ncol=n)
njk<-matrix(0,nrow=m2,ncol=n)
sumxij<-matrix(0,nrow=m1,ncol=m2)
sumxik<-matrix(0,nrow=m1,ncol=n)
mxij<-matrix(0,nrow=m1,ncol=m2)
for ( i in 1:m1) for ( j in 1:m2){
xij<-x[i,j,]
nij[i,j]<-length(xij[xij!=a])
sumxij[i,j]<-sum(xij[xij!=a])
mxij[i,j]<-sumxij[i,j]/nij[i,j]
for( k in 1:n){
xik<-x[i,,k]
xjk<-x[,j,k]
nik[i,k]<-length(xik[xik!=a])
njk[j,k]<-length(xjk[xjk!=a])
sumxik[i,k]<-sum(xik[xik!=a])
```

```
}}
hm<-m1*m2/sum(1/nij)
SSe.1<-sum(sumxik^2)/m2
-sum(apply(sumxij,1,sum)^2/apply(nij,1,sum))
SSe.2<-sum(x0^2)-sum(sumxij^2/nij)-sum(sumxik^2/m2)
+sum(apply(sumxij,1,sum)^2/apply(nij,1,sum))
SS1<-hm*(m2*sum(apply(mxij,1,mean)^2)
-(sum(mxij))^2/(m1*m2))
SS2<-hm*(m1*sum(apply(mxij,2,mean)^2)
-(sum(mxij))^2/(m1*m2))
SS12<-hm*(sum(mxij^2)-m2*sum(apply(mxij,1,mean)^2)
-m1*sum(apply(mxij,2,mean)^2)+(sum(mxij))^2/(m1*m2))
df1<-m1-1
df2<-m2-1
df12<-(m1-1)*(m2-1)
dfe.1<-sum(nij)/m2-m1
dfe.2<-(sum(nij)/m2-m1)*(m2-1)
MS1<-SS1/df1
MS2<-SS2/df2
MS12<-SS12/df12
MSe.1<-SSe.1/dfe.1
MSe.2<-SSe.2/dfe.2
F1<-MS1/MSe.1
F2<-MS2/MSe.2
F12<-MS12/MSe.2
P1<-1-pf(F1,df1,dfe.1)
P2<-1-pf(F2,df2,dfe.2)
P12<-1-pf(F12,df12,dfe.2)
print("mean of each cell")
print(mxij)
```

```
print(cbind(SS1,df1,MS1,F1,P1))
print(cbind(SS2,df2,MS2,F2,P2))
print(cbind(SS12,df12,MS12,F12,P12))
print(cbind(SSe.1,dfe.1,MSe.1))
print(cbind(SSe.2,dfe.2,MSe.2))
if(P1 < 0.05) print("Factor 1 is significant")
    else print("Factor 1 is not significant")
if(P2 < 0.05) print("Factor 2 is significant")
    else print("Factor 2 is not significant")
if(P12 < 0.05) print("Factor 12 is significant")
    else print("Factor 12 is not significant")
}
```

表6-3 標本の大きさが異なる，1要因（要因B）において対応のある2要因分散分析

A_1		A_2		A_3	
B_1	B_2	B_1	B_2	B_1	B_2
9	7	8	7	6	6
9	6	7	6	7	5
7	5	6	7	6	3
8	6	4	5		
8	5				

表6-3で示されるデータを data1-manova2-rep1-dif1.txt に書き込み，これを以下のようにして，実行すると，

```
x<-matrix(scan("data1-manova2-rep1-dif1.txt"),
ncol=6,byrow=T)
m1<-3
m2<-2
n<-5
```

6.3 標本の大きさが異なる,1要因（要因2）において対応のある2要因分散分析の関数

```
a<--1
manova2_rep1_dif1(x,m1,m2,n,a)
```

次の出力を得る。

```
Read 30 items
[1] "mean of each cell"
          [,1]      [,2]
[1,]  8.200000  5.800000
[2,]  6.250000  6.250000
[3,]  6.333333  4.666667
           SS1       df1       MS1        F1           P1
[1,]  8.617021        2  4.308511  2.215805    0.1650117
           SS2       df2       MS2        F2           P2
[1,] 10.55603         1  10.55603  19.25762  0.001749743
          SS12      df12      MS12       F12          P12
[1,]  5.792908        2  2.896454  5.284071   0.03034716
         SSe.1     dfe.1     MSe.1
[1,]      17.5         9  1.944444
         SSe.2     dfe.2     MSe.2
[1,]  4.933333         9  0.5481481
[1] "Factor 1 is not significant"
[1] "Factor 2 is significant"
[1] "Factor 12 is significant"
```

多重比較のための関数を作る 7

7.1　1要因分散分析後の多重比較（WSD検定）のための関数

　1要因分散分析後の多重比較は，対応のある場合と対応のない場合では，MS_e が異なるだけで，プロセスは基本的に同じである。

　今，比較する2つの標本の大きさを n_1, n_2，標本平均を $\bar{x}_1$, $\bar{x}_2$ とすると，

$$d = \left| \bar{x}_1 - \bar{x}_2 \right| \tag{7-1}$$

$$WSD = q \sqrt{\frac{MS_e}{(2/(1/n_1 + 1/n_2))}} \tag{7-2}$$

$$q = \frac{(q_1 + q_2)}{2} \tag{7-3}$$

を計算し，$d > WDS$ ならば2つの標本平均（$\bar{x}_1$, $\bar{x}_2$）の母平均（μ_1, μ_2）の間に有意差があることになる。ただし，q_1 は水準数 m に対応する q 統計量，q_2 はステップ数に対応する q 統計量を表し，q 統計量は `qtukey(a,h,df)` によって計算される。さらに，a は1－有意水準で，片側検定5%の有意水準であれば，$a=0.95$，h は q_1 に関しては水準数，q_2 に関してはステップ数を表し，df はその要因の自由度を表す。また，ステップ数は，m 個の標本平均を小さい順に並べた時，比較の対象となっている2つの標本平均の間に位置する標本平均の個数＋2に等しい。そして，MS_e は分散分析で得られた誤差に基づく不偏分散である。

　上の式をもとにして，WSD検定のための関数 `wsd_test` は以下のように作

7.1 1要因分散分析後の多重比較（WSD検定）のための関数

成される。

ただし，引数 mx1，mx2，n1，n2，MSe，dfe，m，h は，順に，比較の対象とする標本平均 $\bar{x}_1$，$\bar{x}_2$，それらの標本の大きさ，分散分析で得られた誤差の不偏分散，そして，その自由度，全ての標本平均の数（水準数），ステップ数を意味する。

```
wsd_test<-function(mx1,mx2,n1,n2,MSe,dfe,m,h){
d<-abs(mx1-mx2);n<-2/(1/n1+1/n2)
q1<-qtukey(0.95,m,dfe);q2<-qtukey(0.95,h,dfe);
qm<-(q1+q2)/2
wsd<-qm*sqrt(MSe/n)
print(cbind(d,wsd))
if(d>wsd) print("significant")
    else print("not significant")
}
```

表 4-3 の 3 条件の標本平均は，順に，7.0，6.3，5.4 である。WSD 検定では，まず，標本平均を小さい順に並べる。これは，ステップ数を算出するために必要とする。たとえば，7.0 と 5.4 の WSD 検定を考えると，ステップ数は，$h=3$ となる。MS_e，および，df_e は，1 要因分散分析によって得られた誤差変動に基づく不偏分散と自由度である。以下のようにして実行する。

```
mx1<-7.0;mx2<-5.4
n1<-10;n2<-10
MSe<-1.433333;dfe<-18
m<-3;h<-3
wsd_test(mx1,mx2,n1,n2,MSe,dfe,m,h)
```

そして，次のような出力を得る。

```
          d      wsd
[1,]    1.6   1.366460
[1] "significant"
```

$d=1.6$ の方が $wsd=1.366460$ より大きいので，片側検定 5% の有意水準で有意 "significant" となる。

7.2 標本の大きさがすべて等しい場合の 2 要因分散分析後の多重比較（WSD 検定）のための関数

　2 要因分散分析後の多重比較は，対応のある場合と対応のない場合では，MS_e が異なるだけで，プロセスは基本的に同じであるが，少し複雑である。まず，交互作用が有意であるか否かによってプロセスが異なる。交互作用が有意でない場合は，有意である要因に関して，水準数が 3 以上ならば，多重比較を行う。次に，交互作用が有意である場合は，要因ごとに 1 要因分散分析を使用して単純主効果の有意差検定を行う。そして，単純主効果が有意で，かつ，水準数が 3 以上であれば，多重比較を行う。要因 1 の単純主効果は，要因 2 の各水準ごとにみた要因 1 の主効果で，要因 2 の単純主効果は，要因 1 の各水準ごとにみた要因 2 の主効果である。表 5-1 の例をもとにすると，交互作用が有意であるので，要因 2 の性別ごとに，3 つの教授法に関して単純主効果の有意差検定を行う。そして，有意な単純主効果に関して，多重比較を行う。同様にして，要因 1 の水準ごとに 1 要因分散分析を使用して要因 2 の単純主効果の検定を行う。要因 2 の水準数は 2 であるので，単純主効果が有意であれば，それで終了である。

　要因 2 の水準 j ごとの要因 1 の単純主効果を検定するための F 値は，

$$F_{1 \cdot j} = \frac{SS_{1 \cdot j}/df_1}{MS_e} \tag{7-4}$$

によって表わされる。ただし，

7.2 標本の大きさがすべて等しい場合の 2 要因分散分析後の多重比較（WSD 検定）のための関数　　147

```
                    交互作用は有意か
                   /              \
              有意でない          有意である
              /      \            /      \
       要因1の主効果  要因2の主効果  要因1の単純主  要因2の単純主
        は有意か     は有意か    効果は有意か   効果は有意か
              \      \         /      /
               \      \       /      /
              有意でない         有意である
                                    |
                              水準数は3以上か
                                /        \
                         3未満である    3以上である
                                          |
                                        多重比較
                   \                      /
                          終了
```

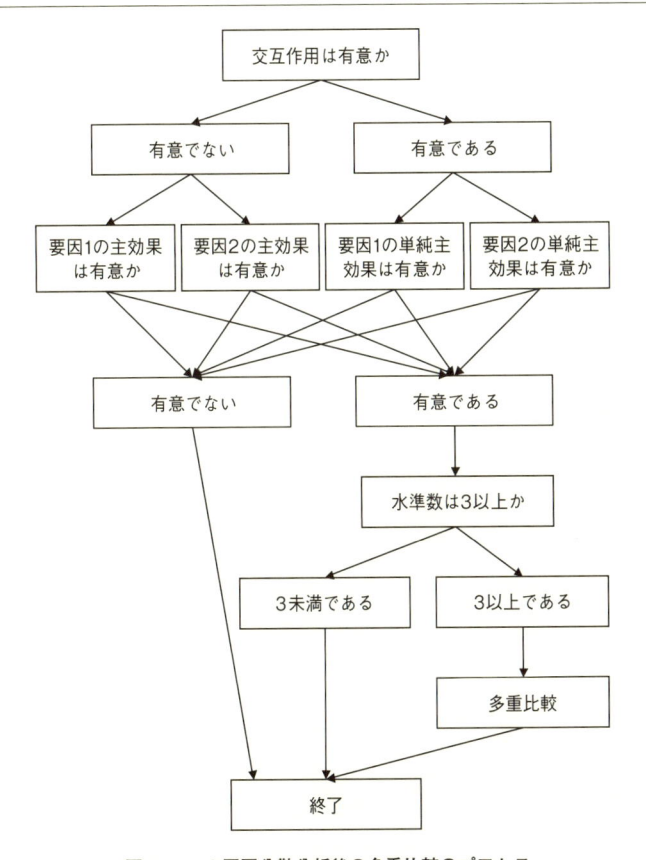

図 7-2-1　2 要因分散分析後の多重比較のプロセス

$$SS_{1 \cdot j} = n \sum_{i=1}^{m_1} \left(\overline{x}_{ij \cdot} - \overline{x}_{\cdot j \cdot} \right)^2 \tag{7-5}$$

$$df_1 = m_1 - 1 \tag{7-6}$$

そして，$P(F>F_{1 \cdot 1}) < 0.05$ ならば，男の場合の教授法効果の標本平均 $\overline{x}_{11 \cdot}$，$\overline{x}_{21 \cdot}$，$\overline{x}_{31 \cdot}$ の多重比較を行う。また，$P(F>F_{1 \cdot 2}) < 0.05$ ならば，女の場合の教授法効果の標本平均 $\overline{x}_{12 \cdot}$，$\overline{x}_{22 \cdot}$，$\overline{x}_{32 \cdot}$ の多重比較を行う。同様にして，要因 1 の水準 i ごとの要因 2 の単純主効果を検定するための F 値は，

$$F_{i\cdot 2} = \frac{SS_{i\cdot 2}/df_2}{MS_e} \tag{7-7}$$

によって表わされる。ただし，

$$SS_{i\cdot 2} = n \sum_{j=1}^{m_2} (\bar{x}_{ij\cdot} - \bar{x}_{i\cdot\cdot})^2 \tag{7-8}$$

$$df_2 = m_2 - 1 \tag{7-9}$$

そして，$P(F>F_{2,1})<0.05$ ならば教授法1の場合の，$P(F>F_{2,2})<0.05$ ならば教授法2の場合の，$P(F>F_{2,3})<0.05$ ならば教授法3場合の，性別効果にそれぞれ有意差があることになる。

上の式をもとに，単純主効果を検定する関数 simpeffect_test を作成すると以下のようになる。ただし，引数 x は行を個人，列を要因とするデータ行列（要因1の各水準の下に要因2のすべての水準が配列されている行列）で，引数 m1，m2 は順に要因1，2の水準数，引数 n は要因1の水準 i と要因2の水準 j に同時に属する標本の大きさの最大値，引数 MSe，dfe は2要因分散分析で得られた誤差に基づく不偏分散とその自由度を表す。

```
simpeffect_test<-function(x,m1,m2,n,MSe,dfe){
x<-array(x,c(n,m2,m1))  ;x<-aperm(x,c(3,2,1))
gmx<-mean(x);df1<-m1-1;df2<-m2-1
SS1<-rep(0,m2);SS2<-rep(0,m1)
MS1<-rep(0,m2);MS2<-rep(0,m1)
F1<-rep(0,m2);F2<-rep(0,m1)
P1<-rep(0,m2);P2<-rep(0,m1)
for ( j in 1:m2){
xj<-x[,j,]
SS1[j]<-n*sum((apply(xj,1,mean)-mean(xj))^2)
MS1[j]<-SS1[j]/df1
```

7.2 標本の大きさがすべて等しい場合の2要因分散分析後の多重比較（WSD検定）のための関数

```
F1[j]<-MS1[j]/MSe;P1[j]<-1-pf(F1[j],df1,dfe)
SS1j<-SS1[j];MS1j<-MS1[j]
F1j<-F1[j];P1j<-P1[j]
print(cbind(j,SS1j,df1,MS1j,F1j,P1j))
if(P1[j] < 0.05) print("F1[j] is significant")
else print("F1[j] is not significant")
}
for ( i in 1:m1){
xi<-x[i,,]
SS2[i]<-n*sum((apply(xi,1,mean)-mean(xi))^2)
MS2[i]<-SS2[i]/df2
F2[i]<-MS2[i]/MSe;P2[i]<-1-pf(F2[i],df2,dfe)
SS2i<-SS2[i];MS2i<-MS2[i]
F2i<-F2[i];P2i<-P2[i]
print(cbind(i,SS2i,df2,MS2i,F2i,P2i))
if(P2[i] < 0.05) print("F2[i] is significant")
    else print("F2[i] is not significant")
}
}
```

これを以下のようにして実行すると，

```
x<-matrix(scan("data1-manova2.txt"),ncol=6,byrow=T)
m1<-3
m2<-2
n<-5
MSe<-1.2
dfe<-24
simpeffect_test(x,m1,m2,n,MSe,dfe)
```

次の出力を得る。

```
Read 30 items
        j      SS1j   df1     MS1j         F1j            P1j
[1,]    1      14.8    2      7.4       6.166667      0.006900364
[1] "F1[j] is significant"
        j      SS1j   df1     MS1j         F1j            P1j
[1,]    2    10.13333  2    5.066667    4.222222       0.02684422
[1] "F1[j] is significant"
        i      SS2i   df2     MS2i     F2i           P2i
[1,]    1      14.4    1      14.4      12         0.002013253
[1] "F2[i] is significant"
        i      SS2i   df2     MS2i     F2i           P2i
[1,]    2      0.9     1      0.9      0.75         0.3950515
[1] "F2[i] is not significant"
        i      SS2i   df2     MS2i         F2i            P2i
[1,]    3      6.4     1      6.4       5.333333      0.02983971
[1] "F2[i] is significant"
```

$j=1$ のとき，SS1j は $SS_{1,1}$ を意味するので，SS1j=14.8 は要因 2 の水準 j における要因 1 の単純主効果変動 ($SS_{1,j}$) を意味する。そして，MS1j, F1j, P1j は，順に，要因 2 の水準 j における要因 1 をもとにした不偏分散，F 値，P 値を意味する。片側検定 5% の有意水準であれば，P_{1j} は 0.05 より小さいので有意となる。同様にして，$i=1$ のとき SS2i は要因 1 の水準 i における要因 2 の単純主効果変動 ($SS_{i,2}$) を意味する。すなわち，i は要因 1 の水準を表し，j は要因 2 の水準を表す。

7.3 標本の大きさが異なる場合の2要因分散分析後の多重比較（WSD検定）のための関数

　まず，交互作用が有意でない場合は，有意である要因に関して多重比較をする。ただし，標本の大きさが異なる場合は，多重比較の対象となる標本平均は，非加重平均を使用する。次に，交互作用が有意である場合は，単純主効果の検定に際し，標本の大きさは調和平均を使用する。すなわち，式 (7-5)，(7-8) の n を調和平均に置き換えて計算する。

データ解析を体験する　8

8.1　t 検定を体験する

　本章では，本書で学んだ内容をもとにデータ解析の練習を行う。いま，ある能力に関して，性別と年齢がどのように影響を与えるかに関して調査をすることを考えよう。能力 V を測るテストは 20 個の項目からなり，各項目 4 点満点とする。表 1 は，20 人の大学生（男 10 名，女 10 名）を対象にして行った調査データである。行が被調査者を示し，列が 20 個の項目（1-20 列目）と性別（21 列目），年齢（22 列目）を示す。性別は，男が 1，女が 0 で表されている。

　上のデータを以下の手順に従って解析してみよう。

(1) データファイル（data-example1.txt）を作成する。

　まずは，データ入力の練習である。データ入力は，データ解析の出発点である。データが正しく入力できなければ，その後の分析は意味のないものになってしまう。ここでは，データを正しく入力する練習をしてみよう。データは，のちに修正のしやすいエクセルワークシートを使用するのが便利と思われる。表 8-1 のデータをエクセルワークシートに書きこんでみよう。エクセルワークシートへの入力が終わったら，データの部分のみをテキストファイルに貼り付け，ファイル名を data-example1.txt とする。データファイル名は，data で書き始め，データファイルとプログラムファイルがすぐに識別できるようにしておく。データ入力は，スペースも含め，全て半角である。

(2) プログラムファイル（prog-example1.txt）を作成する。

　以下にプログラムの例を示す。プログラムもテキストファイルを使用する。テキストファイルを使用して，以下のプログラムを正確に書き写してみよう。

8.1 t検定を体験する

表8-1 20名の大学生の能力Vに関するデータ（行：被調査者，列：項目・性別・年齢）

被調査者	項目																				性別	年齢
	1	2	3	4	5	6	7	8	9	10	11	12	13	14	15	16	17	18	19	20		
1	4	3	4	1	3	1	2	4	2	4	3	2	2	3	3	3	4	3	1	4	0	19
2	4	4	2	2	1	1	1	1	2	4	2	3	3	3	4	2	3	2	2	3	0	18
3	3	2	2	3	2	2	2	2	2	4	3	3	3	2	2	3	2	4	1	3	1	20
4	2	2	2	4	2	3	1	2	2	3	2	3	2	1	2	4	2	1	4	1	1	18
5	3	3	1	1	1	4	4	1	1	3	4	2	1	3	2	4	3	3	2	3	1	19
6	3	4	4	1	1	2	2	1	1	4	4	3	2	4	3	4	4	4	4	4	1	20
7	2	1	2	2	4	1	3	4	4	4	4	3	1	3	4	2	4	2	4	4	0	19
8	4	2	2	2	3	1	1	4	4	4	4	4	2	3	3	2	4	2	4	3	0	20
9	2	2	2	2	2	3	1	2	2	2	3	3	2	3	4	3	3	2	1	2	0	18
10	4	4	2	1	1	1	4	4	1	4	2	4	2	2	3	3	3	3	1	3	0	18
11	2	3	2	2	4	1	1	2	2	2	3	3	2	2	2	4	3	4	1	4	0	17
12	3	2	3	2	1	2	1	3	2	4	4	4	1	1	1	4	4	3	1	4	0	20
13	3	3	1	3	1	1	1	2	1	2	3	2	2	3	4	3	2	2	1	4	0	19
14	4	4	4	4	2	2	2	1	1	4	3	3	4	3	2	4	3	3	2	2	0	19
15	3	2	3	1	1	1	1	1	1	2	1	1	2	2	3	3	1	2	3	1	1	20
16	1	2	1	2	3	1	4	1	1	3	2	1	3	4	2	2	4	1	3	1	1	18
17	2	2	2	3	1	1	2	4	2	2	2	1	2	3	2	4	1	2	1	2	1	19
18	2	4	2	3	2	1	2	1	2	3	2	3	4	2	4	2	4	2	2	3	1	20
19	2	3	2	4	3	3	3	1	2	2	3	2	3	4	3	3	3	1	3	1	1	20
20	3	1	1	4	4	4	4	3	3	4	2	2	4	4	4	2	4	3	1	3	1	18

```
x<-matrix(scan("data-example1.txt"),ncol=22,byrow=T)
# データの読み込み
item<-x[,1:20]    # 特性項目には，item という名前をつける。
sex<-x[,21]       # 性別には，sex という名前をつける。
age<-x[,22]       # 年齢には，age という名前をつける。
```

プログラムファイル名を prog-example1.txt とする。プログラムもすべて半角

で書く。

　説明のための日本語などを使用するときは，＃以降に記述する。ただし，＃は半角で，＃より前のスペースが全角で書かれていないように注意する。各行の＃以降は，非実行文であるので，書かなくてもプログラムは正常に作動する。
(3) プログラムを実行して，データを読み込む。
　R console 画面のメニューバーにある「ファイル」をクリックして，データファイルがあるディレクトリにディレクトリを変更した後，「Rコードのソースを読み込み」をクリックする。そして，prog-example1.txt があるディレクトリに移動する。そして，ファイルの種類を「All files」にして，prog-example1.txt をクリックする。データファイルのあるディレクトリにディレクトリを変更していないと，以下のエラーメッセージが出される。

```
「以下にエラー file (file, "r") : コネクションを開くことができません
追加情報: Warning message:
In file (file, "r") :
ファイル 'data-example1.txt' を開くことができません: No such
file or directory 」
```

　このような場合には，メニューバーの「ファイル」からディレクトリの変更を選び，プログラムファイルがあるディレクトリを確認してクリックする。そして，もう一度プログラムを読み込む。プログラムに問題がなければ，これで無事に読み込まれるはず。

```
Read 440 items
```

と表示されれば，プログラムは無事に読み込まれたことになる。ディレクトリの変更をしたあとでも，「ファイル 'data-example1.txt' を開くことができません」というエラーメッセージが出ていれば，データファイル名が正しくないか，あるいは，プログラムと同じディレクトリに data-example1.txt がない可能性があるので，確認してみる。

他のエラーの可能性として，プログラムを保存する際，文字コードがANSI (Shift-JIS) でないとプログラムが正しく作動しない可能性がある．ANSIを使用しかたどうか確認する．たとえば，プログラムをUnicodeで書くと，

「構文解析中に不正なマルチバイト文字列がありました」

というエラーメッセージが出る．
(4) データを確認する．
　データ数が正しいかどうか，あるいは，誤ったデータが入力されていないかどうかを確認する．データに入力ミスがあると，その後の分析は無意味であるので，データをよく確認することが重要である．
・`dim(item)`を実行して，変数の数と被調査者の数を確認する．
・`table(item)`を実行して，itemのデータが0から4までの数字であることを確認する．
・`table(sex)`を実行して，1, 0以外のデータが入力されていないことを確認する．
・`table(age)`を実行して，ありえない年齢が入力されていないかどうか確認する．
(5) `table`を使って属性項目の分析を行う．
　性別 (`table(sex)`), 年齢 (`table(age)`) を分析する．性別と年齢のクロス集計 (`table(sex,age)`) も行う．
(6) 特性項目の分析を行う．
・`apply`を使って各特性項目の標本平均と不偏分散を計算する．
・`tapply`を使って属性別に各項目の標本平均と不偏分散を計算する．
(7) 特性項目の合計得点を計算する．
　被調査者ごとに20項目の合計点を求める．
　〈例〉 `score<-apply(item,1,sum)`
(8) 得られた合計得点をもとにして，t検定を行って男と女の合計得点の母平均の間に有意差があるかどうか検定する．

8.2 分散分析,および,多重比較を体験する

次に,分散分析,および,多重比較の検定を試みる。表 8-2 は,20 名の大学生を対象に行ったある能力テスト W の結果を表す。この能力テストは 50 項目からなり,5 つの能力 A,B,C,D,E を測定する。表 8-2 の行には,能力テストで使用された 50 項目(1-50 行目),および,性別(51 行目),学部(52 行目)が,列には被調査者が示されている。得点は,各項目 2 点満点である。そ

表 8-2 20 名の大学の能力テスト W のデータ(行:項目・性別・学部,列:被調査者)

項目	被調査者																			
	1	2	3	4	5	6	7	8	9	10	11	12	13	14	15	16	17	18	19	20
1	2	1	1	0	0	1	2	0	1	1	2	2	1	1	1	2	0	2	1	1
2	0	0	0	1	0	0	0	0	0	1	2	1	0	1	1	0	1	2	2	0
3	2	1	0	1	2	0	1	2	0	1	2	2	1	1	0	1	2	2	0	2
4	0	1	2	0	2	1	2	1	1	0	0	2	1	0	0	2	1	2	1	0
5	2	0	0	0	0	2	0	2	1	1	2	1	2	2	0	0	0	0	2	1
6	2	0	2	1	2	0	2	1	1	2	2	2	2	1	2	2	2	2	2	2
7	2	0	2	1	1	0	0	0	0	0	0	1	1	1	1	0	0	0	0	1
8	0	0	0	2	1	2	0	0	0	0	1	1	0	0	0	2	2	0	2	0
9	2	1	1	1	2	2	2	1	0	2	2	2	2	1	1	2	2	1	0	2	1
10	2	2	0	0	0	1	1	0	2	2	2	2	1	2	2	0	2	0	2	0
11	2	2	0	2	2	2	2	2	1	2	2	1	2	2	2	2	2	2	2	2
12	2	2	1	0	2	2	2	2	2	0	2	2	1	2	1	2	1	2	2	2
13	0	2	0	0	2	2	2	2	1	2	2	2	1	1	1	2	2	1	2	2
14	0	2	1	1	2	1	0	1	1	1	1	0	1	1	1	1	1	2	0	0	2	2
15	2	2	0	2	2	2	2	2	2	1	2	1	2	1	1	2	2	2	0	2	2
16	2	0	2	0	2	2	2	0	1	2	1	1	1	2	1	1	1	2	0	2
17	0	0	2	1	2	1	2	2	2	1	2	1	2	1	2	1	2	2	0	2	2
18	2	1	1	2	2	2	2	2	2	2	2	2	2	2	0	1	2	1	2	2
19	2	2	2	2	2	2	1	2	2	2	2	2	1	2	2	2	2	2	0	0
20	2	2	0	2	1	0	1	2	1	1	0	0	2	1	1	0	2	0	1	1
21	2	0	0	2	2	1	0	2	1	2	2	2	1	1	1	2	0	2	0	0

	1	2	3	4	5	6	7	8	9	10	11	12	13	14	15	16	17	18	19
22	0	2	1	0	0	0	2	0	1	0	1	2	0	1	1	0	0	0	1
23	0	2	1	1	2	2	1	2	2	2	1	0	2	2	2	2	0	2	2
24	0	2	2	1	2	2	2	1	1	2	2	1	2	2	2	2	2	2	0
25	2	2	2	2	2	2	1	1	1	2	1	1	0	1	2	2	2	2	1
26	2	2	2	2	1	0	2	1	2	2	1	0	1	2	2	2	0	2	2
27	0	1	2	2	2	2	1	2	1	0	1	0	1	1	0	0	0	0	2
28	2	2	2	1	2	0	2	0	2	1	1	2	0	0	2	2	0	2	2
29	2	1	0	1	1	0	2	1	1	1	2	1	0	2	0	2	0	2	1
30	0	2	2	0	2	1	1	1	1	0	2	2	1	1	1	2	1	0	0
31	2	2	0	2	2	1	1	2	1	2	1	0	1	1	1	2	2	2	2
32	2	2	0	2	2	0	2	1	1	2	1	0	2	2	2	2	2	2	2
33	2	0	1	1	2	2	2	0	2	2	2	0	2	2	1	2	2	2	2
34	0	1	2	0	1	2	2	0	1	0	0	0	1	1	1	2	0	0	0
35	2	2	0	0	2	1	2	2	2	2	2	0	2	2	1	2	0	2	2
36	2	2	2	1	2	2	0	0	0	2	2	2	0	1	2	2	1	2	0
37	2	2	2	1	1	1	2	1	2	1	0	2	0	2	1	2	2	2	2
38	2	2	2	2	2	2	2	2	2	1	1	2	2	2	2	2	2	2	2
39	2	2	0	2	2	1	2	2	0	1	1	2	0	1	2	1	2	2	2
40	0	1	2	1	1	2	2	0	1	1	0	1	1	1	0	2	2	0	2
41	2	2	1	2	2	2	2	1	1	2	1	2	2	2	0	2	2	0	2
42	2	2	0	1	2	1	0	2	1	2	1	1	1	1	2	0	0	2	2
43	2	0	0	1	2	2	0	2	2	2	2	1	1	1	0	2	2	2	1
44	2	2	2	0	1	2	0	2	0	2	0	0	1	0	1	0	2	0	2
45	2	0	1	0	1	1	2	2	2	1	2	0	0	0	0	2	0	0	1
46	2	0	0	0	0	1	0	1	0	1	1	0	0	1	2	0	2	0	0
47	2	2	2	2	2	1	2	1	2	2	2	1	1	0	0	2	2	2	2
48	0	0	0	1	1	1	0	1	1	1	2	2	1	0	2	0	0	0	2
49	2	2	0	0	1	1	0	2	0	2	2	0	0	0	0	0	0	0	0
50	2	1	0	2	2	0	1	2	1	2	0	2	2	0	1	2	1	0	2
性別	1	0	1	0	0	1	0	0	1	0	1	1	1	0	1	1	0	1	0
学部	0	0	1	1	1	1	0	1	1	0	1	1	0	1	1	0	0	0	0

して，性別は，男は1，女は0で表され，学部は2種類あり，X学部は1，Y学部は0で表わされている。

上のデータの部分のみを以下の手順に従って解析してみよう。

(1) データファイル（data-example2.txt）を作成する。

　表8-2のデータをエクセルワークシートに書きこみ，データの部分のみをテキストファイルに貼りつけ，ファイル名を data-example2.txt とする。

(2) プログラムファイル（prog-example2.txt）を作成する。

　以下にプログラムの例を示す。プログラムもテキストファイルを使用する。

```
x<-matrix(scan("data-example2.txt"),ncol=20,byrow=T)
# データの読み込み
x<-t(x)      # 行に被調査者，列に変数が対応するように行列を転置する。
item<-x[,1:50]    # 特性項目には item という名前をつける。
sex<-x[,51]       # 性別
dept<-x[,52]      # 学部
a1<-x[,1:10]      #　能力Aに関する項目
b1<-x[,11:20]     #　能力Bに関する項目
c1<-x[,21:30]     #　能力Cに関する項目
d1<-x[,31:40]     #　能力Dに関する項目
e1<-x[,41:50]     #　能力Eに関する項目
```

プログラムファイル名を prog-example2.txt とする。

(3) プログラムを実行して，データを読み込む。

(4) データを確認する。

(5) table を使って属性項目（性別，および，学部）の分析を行う。

(6) 能力 A, B, C, D, E 得点を計算する。能力 A に関する項目は，最初の10項目である。10項目の合計得点が，A 得点となる。同様に，10項目ずつ，能力 B, C, D, E 項目の順に項目は並んでいるので，10項目ずつ得点を合計し，B，C，D，E 得点を計算する。

能力 A: 項目 1 から項目 10 まで

能力 B: 項目 11 から項目 20 まで

能力 C: 項目 21 から項目 30 まで

能力 D: 項目 31 から項目 40 まで

能力 E: 項目 41 から項目 50 まで

〈例〉 `score_a<-apply(a1,1,sum)`

(7) (6) で得られた 5 つの能力得点に関して，標本平均と不偏分散を計算せよ．

(8) (7) で得られた 5 つの能力得点に関して，属性別標本平均と不偏分散を計算せよ．

(9) 5 つの特性（A, B, C, D, E）を横軸，得点を縦軸にして，性別別に 5 つの能力得点の標本平均のグラフを plot や points を使用して描け．ただし，横軸は，1 から 5 までの数字を使用し，男は m，女は f でプロットし，性別別に各点を実線でつなげよ（横軸のタイトルは A_B_C_D_E，縦軸のタイトルは score とする）．

(10) 得られた 5 つの能力得点をもとにして，能力得点の母平均の間に有意差があるかどうか，20 人のデータをもとに 1 要因分散分析で分析せよ．その際に，対応のない 1 要因分散分析を使用すべきか，対応のある 1 要因分散分析を使用すべきかを考慮せよ．1 要因分散分析で有意差が出たときは，多重比較も実施せよ．

(11) 得られた 20 人の 5 つの能力得点をもとにして，能力と性別を要因とする 2 要因分散分析を行って分析せよ．2 要因分散分析で有意差が出たときは，多重比較も実施せよ．

(12) 他の属性（学部）に関しても，同様にして，2 要因分散分析で分析せよ．そして，必要であれば，多重比較も実施せよ．

8.3 データ解析の解答例

能力 V のデータ，および，能力 W のデータの解答例を示す．

■ 8.3.1 能力 V のデータの解析

(1) から (3) は省略。

(4) データを確認する。

　データ数が正しいかどうか，あるいは，誤ったデータが入力されていないかどうかを確認する。以下のように出力されれば，データは正しく入力されている。

```
dim(item)
```

```
[1] 20 20
```

```
table(item)
```

```
item
  1   2   3   4
 84 120 104  92
```

```
table(sex)
```

```
sex
 0  1
10 10
```

```
table(age)
```

```
age
17 18 19 20
 1  7  6  6
```

(5) table を使って属性項目の分析を行う。

```
table(sex,age)
```

```
     age
sex  17 18 19 20
  0   1  3  4  2
  1   0  4  2  4
```

(6) 特性項目の分析を行う。
・20 項目の各項目の標本平均を求める。

```
apply(item,2,mean)
```

```
 [1] 2.65 2.80 2.20 2.30 2.00 1.95 1.75 2.05 1.80 3.40
 2.95 2.45 2.30 2.75
[15] 2.60 3.25 3.10 3.15 1.55 3.20
```

・20 項目の各項目の不偏分散を求める。

```
apply(item,2,var)
```

```
 [1] 0.7657895 1.0105263 0.9052632 1.2736842 1.2631579
 1.3131579 1.0394737
 [8] 1.4184211 0.9052632 0.6736842 0.5763158 0.6815789
 0.8526316 0.9342105
[15] 0.7789474 0.6184211 0.6210526 0.7657895 0.6815789
 0.4842105
```

・性別別に，20項目の各得点の標本平均を求める．

```
for( i in 1:20) print(tapply(item[,i],sex,mean))
```

```
    0   1
  3.0 2.3
    0   1
  2.8 2.8
```

以下略．

(7) 合計得点を計算する．

・被調査者毎に，20項目の合計得点を求める．

```
score<-apply(item,1,sum)
```

・20人分の合計得点を出力する．

```
score
```

```
[1] 56 49 50 50 49 59 57 58 45 48 49 50 45 58 34 44 40
50 53 60
```

(8) 得られた合計得点をもとにして，t 検定を行って男と女の合計得点の母平均の間に有意差があるかどうか検定する．

・性別別に合計得点を計算する．

```
tapply(score,sex,mean)
```

```
    0   1
```

```
   51.5 48.9
```

・分散の同質性を検定する．関数 F_test1 を利用するので，まずこの関数を読み込み，使用可能にする．

```
F_test1(score[sex==1],score[sex==0])
```

```
             u21        u22         F1    dfn    dfd           P1
[1,]    63.43333   27.38889   2.316024      9      9    0.1134250
[1] "not significant"
```

・分散が同じであるので，t_test1 で t 検定をする．まず，関数 t_test1 を読み込み，使用可能にする．

```
t_test1(score[sex==1],score[sex==0])
```

```
               t1    df1          P1
[1,]    0.8627347     18   0.1998163
[1] "not significant"
```

結論：合計得点は，性別の間に違いなし．

■ 8.3.2　能力 W のデータの解析

(1) から (3) は，省略．
(4) データを確認する．

```
dim(item)
```

```
[1] 20 50
```

```
table(item)
```

```
item
  0   1   2
267 258 475
```

```
table(sex)
```

```
sex
 0  1
10 10
```

(5)tableを使って属性項目の分析を行う。

```
table(sex,dept)
```

```
    dept
sex 0 1
  0 4 6
  1 4 6
```

(6)A, B, C, D, E得点を計算する。

```
score_a<-apply(a1,1,sum)
score_a
```

```
 [1] 14  6  8  7 10  9 10  6  7 10 15 15 11  9  5 11 11
10 14  8
```

```
score_b<-apply(b1,1,sum)
score_b
```

```
 [1] 12 16  4 15 12 15 16 18 14 17  9  7 16 17 12 14 14
 8 15 17
```

```
score_c<-apply(c1,1,sum)
score_c
```

```
 [1] 10 16 14 12 16 10 14 12 13 13 14 13  7 11 11 17 11
 8 11 10
```

```
score_d<-apply(d1,1,sum)
score_d
```

```
 [1] 16 16 11 12 17 14 17 10 12 16 11  7 13 14 12 20 16
 16 14 20
```

```
score_e<-apply(e1,1,sum)
score_e
```

```
 [1] 18 11  6  9 14 13  6 18  9 16 14 10  9  6 11  4 11
 8 13 11
```

(7) (6) で得られた5つの尺度得点に関して，標本平均と不偏分散を計算せよ．

```
mean(score_a)
```

```
[1] 9.8
```

```
var(score_a)
```

```
[1] 8.905263
```

```
mean(score_b)
```

```
[1] 13.4
```

```
var(score_b)
```

```
[1] 14.35789
```

```
mean(score_c)
```

```
[1] 12.15
```

```
var(score_c)
```

```
[1] 6.76579
```

```
mean(score_d)
```

```
[1] 14.2
```

```
var(score_d)
```

```
[1] 10.8
```

```
mean(score_e)
```

```
[1] 10.85
```

```
var(score_e)
```

```
[1] 15.50263
```

(8) (7) で得られた5つの能力得点に関して，属性別標本平均と不偏分散を計算せよ．

```
tapply(score_a,sex,mean)
```

```
   0    1
 9.1 10.5
```

```
tapply(score_a,sex,var)
```

```
      0        1
 6.10000 11.61111
```

```
tapply(score_b,sex,mean)
```

```
   0    1
15.7 11.1
```

```
tapply(score_b,sex,var)
```

```
        0         1
 3.122222 15.433333
```

```
tapply(score_c,sex,mean)
```

```
   0    1
12.6 11.7
```

```
tapply(score_c,sex,var)
```

```
       0        1
4.488889 9.344444
```

```
tapply(score_d,sex,mean)
```

```
   0    1
15.2 13.2
```

```
tapply(score_d,sex,var)
```

```
        0         1
 7.955556 12.622222
```

```
tapply(score_e,sex,mean)
```

```
   0    1
11.5 10.2
```

```
tapply(score_e,sex,var)
```

```
        0        1
15.38889 16.40000
```

(9) 5つの尺度（A, B, C, D, E）を横軸，得点を縦軸にして，性別別に5つの能力得点の標本平均のグラフをplotやpointsを使用して描け．ただし，横軸は，1から5までの数字を使用し，男はm，女はfでプロットし，性別別に各点を実線でつなげよ（横軸のタイトルは，A_B_C_D_E，縦軸のタイトルは，scoreとする）．

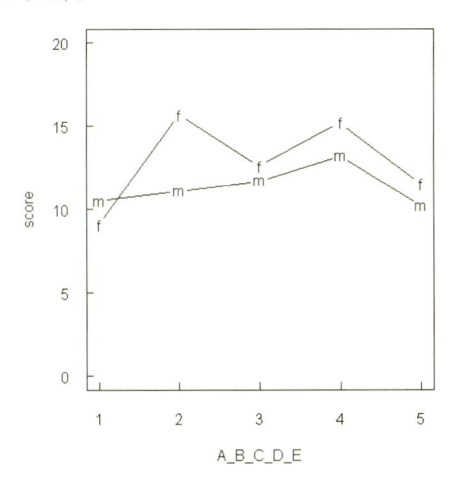

図8-3-1　5つの能力得点と性別との関係

```
score_a.mean<-tapply(score_a,sex,mean)
score_b.mean<-tapply(score_b,sex,mean)
score_c.mean<-tapply(score_c,sex,mean)
score_d.mean<-tapply(score_d,sex,mean)
score_e.mean<-tapply(score_e,sex,mean)
par(pty="s",las=1,tck=0.02)
plot(c(1,5),c(0,20),xlab="A_B_C_D_E",ylab="score",
type="n")
points(c(1:5),c(score_a.mean[2],score_b.mean[2],
score_c.mean[2],score_d.mean[2],score_e.mean[2]),
pch="m",type="b")
points(c(1:5),c(score_a.mean[1],score_b.mean[1],
```

```
score_c.mean[1],score_d.mean[1],score_e.mean[1]),
pch="f",type="b")
```

(10) 得られた5つの能力得点をもとにして，能力得点の母平均の間に有意差があるかどうか，20人のデータをもとに1要因分散分析で分析せよ．その際に，対応のない1要因分散分析を使用すべきか，対応のある1要因分散分析を使用すべきかを考慮せよ．1要因分散分析で有意差が出たときは，多重比較も実施せよ．

・対応のある1要因分散分析を実施する．まず，関数 anova1_rep1 を読み込み，使用可能にする．

```
x<-cbind(score_a,score_b,score_c,score_d,score_e)
anova1_rep1(x)
```

```
Read 1040 items
          mxj
score_a   9.80
score_b  13.40
score_c  12.15
score_d  14.20
score_e  10.85
        gmx
[1,] 12.08
              vx
score_a   8.905263
score_b  14.357895
score_c   6.765789
score_d  10.800000
score_e  15.502632
        SS1 df1     MS1        F1              P1
```

```
[1,] 259.06    4 64.765 5.81717 0.0003872611
     SSe.1 dfe.1     MSe.1
[1,] 846.14    76 11.13342
[1] "significant"
```

・5%の有意水準で有意であるので，多重比較を実施する．まず，関数 WSD_test を読み込み，使用可能にする．

```
apply(x,2,mean)
```

```
score_a score_b  score_c score_d score_e
   9.80   13.40    12.15   14.20   10.85
```

・まず，標本平均を小さい順に並べる（9.8, 10.85, 12.15, 13.40, 14.20）．そして，各標本平均の間の差を計算する．

	9.8	10.85	12.15	13.40
10.85	d = 1.05			
12.15	d = 2.35	d = 1.3		
13.40	d = 3.6	d = 2.55	d = 1.25	
14.20	d = 4.4	d = 3.35	d = 2.05	d = 0.8

・次に，標本平均の差が一番大きいペアの WSD 検定を行う．

$d = |9.8 - 14.20| = 4.4$

$m = 5, h = 5$

$MS_e = 11.13342$

$n_1 = n_2 = 20$

$df = 76$

```
wsd_test(9.8,14.2,20,20,11.13342,76,5,5)
```

```
            d      wsd
  [1,]    4.4   3.190559
  [1] "significant"
```

・有意であるので，次に差の大きい標本平均のペア（9.8,13.4）の *WSD* 検定を行う．

```
wsd_test(9.8,13.4,20,20,11.13342,76,5,4)
```

```
            d      wsd
  [1,]    3.6   3.086360
  [1] "significant"
```

・有意であるので，次に差の大きい標本平均のペア（10.85,14.2）の *WSD* 検定を行う．

```
wsd_test(10.85,14.2,20,20,11.13342,76,5,4)
```

```
            d      wsd
  [1,]   3.35  3.086360
  [1] "significant"
```

・有意であるので，次に差の大きい標本平均のペア（10.85,13.4）の *WSD* 検定を行う．

```
wsd_test(10.85,13.4,20,20,11.13342,76,5,3)
```

```
            d      wsd
  [1,]   2.55  2.941737
```

```
[1] "not significant"
```

・有意でないので,WSD 検定は終了。

(11) 得られた 20 人の 5 つの能力得点をもとにして,能力と性別を要因とする 2 要因分散分析を行って分析せよ。2 要因分散分析で有意差が出たときは,多重比較を実施せよ。

・まず,性別別に 5 つの能力得点のデータ行列を作成する。

```
xm<-cbind(score_a[sex==1],score_b[sex==1],
score_c[sex==1],score_d[sex==1],score_e[sex==1])
xf<-cbind(score_a[sex==0],score_b[sex==0],
score_c[sex==0],score_d[sex==0],score_e[sex==0])
```

・そして,要因 2 が対応のある要因になるように行列をつなげる。

```
x<-cbind(xm,xf)
```

・要因 2 において対応のある 2 要因分散分析 (manova2_rep1) を実施する。まず,関数 manova2_rep1 を読み込み,使用可能にする。

```
m1<-2
m2<-5
n<-10
manova2_rep1(x,m1,m2,n)
```

```
        mx1
[1,]  11.34
[2,]  12.82
        mx2
```

```
     [1,]  9.80
     [2,] 13.40
     [3,] 12.15
     [4,] 14.20
     [5,] 10.85
     [1] "mx12"
          [,1] [,2] [,3] [,4] [,5]
     [1,] 10.5 11.1 11.7 13.2 10.2
     [2,]  9.1 15.7 12.6 15.2 11.5
          gmx
     [1,] 12.08
              SS1   df1    MS1         F1           P1
     [1,]  54.76     1  54.76   5.818654   0.02674869
              SS2   df2    MS2         F2           P2
     [1,] 259.06     4 64.765   6.194315  0.0002429112
             SS12  df12   MS12        F12          P12
     [1,]  93.34     4 23.335   2.231828   0.07396259
            SSe.1 dfe.1  MSe.1
     [1,]  169.4    18 9.411111
            SSe.2 dfe.2  MSe.2
     [1,]  752.8    72 10.45556
     [1] "Factor 1 is significant"
     [1] "Factor 2 is significant"
     [1] "Factor 12 is not significant"
```

・交互作用が有意でないので，要因1，要因2ごとに多重比較を実施。要因1は水準数が2なので，要因2のみ多重比較を行う。男女をこみにして，標本平均を計算するので，標本平均は1要因分散分析の場合と同じになる。

```
 score_a score_b   score_c score_d score_e
```

| | 9.80 | 13.40 | 12.15 | 14.20 | 10.85 |

- まず，標本平均を小さい順に並べる（9.8, 10.85, 12.15, 13.40, 14.20）。そして，各標本平均の間の差を計算する。

	9.8	10.85	12.15	13.40
10.85	d = 1.05			
12.15	d = 2.35	d = 1.3		
13.40	d = 3.6	d = 2.55	d = 1.25	
14.20	d = 4.4	d = 3.35	d = 2.05	d = 0.8

- WSD 検定を行う。ただし，$MS_e = MS_{e.2} = 10.45556$，$df_e = df_{e.2} = 72$ を使用する。

```
wsd_test(9.8,14.2,20,20,10.45556,72,5,5)
```

```
        d     wsd
[1,]  4.4  3.091905
[1] "significant"
```

```
wsd_test(9.8,13.4,20,20,10.45556,72,5,4)
```

```
        d     wsd
[1,]  3.6  2.990928
[1] "significant"
```

```
wsd_test(10.85,14.2,20,20,10.45556,72,5,4)
```

```
        d     wsd
[1,]  3.35 2.990928
[1] "significant"
```

```
wsd_test(10.85,13.4,20,20,10.45556,72,5,3)
```

```
           d       wsd
[1,]    2.55  2.850777
[1] "not significant"
```

(12) 他の属性（学部）に関しても，同様にして，2 要因分散分析で分析せよ．そして，必要であれば，多重比較も実施せよ．

```
xdept1<-cbind(score_a[dept==1],score_b[dept==1],
score_c[dept==1],score_d[dept==1],score_e[dept==1])
xdept0<-cbind(score_a[dept==0],score_b[dept==0],
score_c[dept==0],score_d[dept==0],score_e[dept==0])
x0<-matrix(-1,nrow=4,ncol=5)
xdept0<-rbind(xdept0,x0)
x<-cbind(xdept0,xdept1)
m1<-2
m2<-5
n<-12
a<--1
manova2_rep1_dif1(x,m1,m2,n,a)
```

```
[1] "mean of each cell"
          [,1]       [,2]       [,3]       [,4]      [,5]
[1,] 9.750000  13.12500   11.37500   13.87500   12.50
[2,] 9.833333  13.58333   12.66667   14.41667    9.75
         SS1    df1       MS1           F1           P1
[1,]   0.135      1     0.135   0.01084700    0.9182028
         SS2    df2       MS2           F2           P2
```

```
[1,] 231.2233      4   57.80583    5.20567   0.0009689615
          SS12    df12        MS12         F12          P12
[1,]  46.62333      4   11.65583    1.049659  0.3878087
         SSe.1    dfe.1       MSe.1
[1,] 224.025      18   12.44583
         SSe.2    dfe.2       MSe.2
[1,] 799.5167     72   11.10440
[1] "Factor 1 is not significant"
[1] "Factor 2 is significant"
[1] "Factor 12 is not significant"
```

・交互作用,および,要因1が有意でないので,要因2についてのみ多重比較を行う。

・まず,標本平均を小さい順に並べる (9.8, 10.85, 12.15, 13.40, 14.20)。そして,各標本平均の差を計算する。

	9.8	10.85	12.15	13.40
10.85	$d = 1.05$			
12.15	$d = 2.35$	$d = 1.3$		
13.40	$d = 3.6$	$d = 2.55$	$d = 1.25$	
14.20	$d = 4.4$	$d = 3.35$	$d = 2.05$	$d = 0.8$

・wsd_test を行う。ただし,$MS_e = MS_{e.2} = 11.10440$, $df_e = df_{e.2} = 72$ を使用する。

```
wsd_test(9.8,14.2,20,20,11.10440,72,5,5)
```

```
        d      wsd
[1,]  4.4  3.186398
[1] "significant"
```

```
wsd_test(9.8,13.4,20,20,11.10440,72,5,4)
```

```
       d     wsd
[1,] 3.6 3.082335
[1] "significant"
```

```
wsd_test(10.85,14.2,20,20,11.10440,72,5,4)
```

```
        d     wsd
[1,] 3.35 3.082335
[1] "significant"
```

```
wsd_test(10.85,13.4,20,20,11.10440,72,5,3)
```

```
        d     wsd
[1,] 2.55 2.937901
[1] "not significant"
```

・有意でないので終了。

R言語基本関数一覧

+	スカラー・ベクトル・行列の足し算の計算で使用。例 1+2
-	スカラー・ベクトル・行列の引き算の計算で使用。例 1-2
*	スカラーの掛け算およびベクトル・行列の要素の掛け算のときに使用。
/	スカラーの割り算およびベクトル・行列の要素の割り算のときに使用。
^	べき乗の計算のときに使用。例　3^2, 5^0.5
%*%	ベクトルの内積および行列の積のときに使用。例 A%*%B
<-	オブジェクトの定義に使用。例 x<-3
;	1行に2つ以上の式を書くときに，式を区切るために使用。例 x<-2; y<-3
( )	加減乗除の演算のときに使用。例 (1+3)*(4+5)
[ ]	ベクトルおよび行列の要素を示すときに使用。例 a[3], X[1,], X[,1], X[1,2]
{ }	if 文などの後に，2つ以上の式が存在するときに，対象となる式の範囲を示す。例 if(x>0) {a<-30; b<-50}
&	[ ] の中で使用。and を意味する。例 eng<-c(5, 8, 9, 7); math<-c(5, 9, 3, 6); sex<-c(1, 0, 1, 0); eng[eng>7 & math < 5]
&&	if 文の条件式の中で使用。and を意味する。例 if(x>3 && x<8) result<-1
|	[ ] の中で使用。or を意味する。例 eng<-c(5,8,,9,7);math<-c(5,9,3,6); sex<-c(1,0,1,0);eng[eng>7 | math < 5]
||	if 文の条件式の中で使用。or を意味する。例 if(x > 3 || x < 8) result<-1
==	ifelse 文および [ ] の中で使用。例1 ifelse(x==3,0,1), 例2 x[sex==1], 例3 X[sex==1,]

=	if 文の中で使用。 例1 if(x=1) y<-5, 例2 for (i in 1:10) if(x[i]=1) x[i]<-0
!=	if 文, ifelse 文および [ ] の中で使用。x!=3 は, x が 3 に等しくないことを意味する。例 if(x!=3) x<-1
<	if 文, ifelse 文および [ ] の中で使用。例 if(x<3) x<-1
>	if 文, ifelse 文および [ ] の中で使用。例 if(x>3) x<-1
<=	if 文, ifelse 文および [ ] の中で使用。x<=3 は, x が 3 以下であることを意味する。例 if(x<=3) x<-1
>=	if 文, ifelse 文および [ ] の中で使用。x>=3 は, x が 3 以上であることを意味する。例 if(x>=3) x<-1
:	等差数列を作るときに使用。例 1:5 は, 1 から 5 までの整数を意味する。
$	要素を取り出すときに使用。関数 function の中の出力の一部を取り出すときに使用する。
#	非実行文を意味する。# は半角表示で, # 以降の内容は実行されない。実行文の説明やコメントとして使用する。 例 mean(x)　# x の平均を計算
"	ファイル名, リテラル定数（文字定数）を示すときに使用。 例 x<-c("a","b","c")
abline	abline(a,b) で y 切片が a, 傾きが b である直線 y=a+bx の直線を描く。
abs	abs(x) のように使用し, ( ) 内のオブジェクトを絶対値表示する。 例 abs(-0.5) によって, -0.5 の絶対値が表示される。
acos	cos の逆関数。acos(y) によって, cos(x)=y の x を求める。
alog	自然対数 $\log_e$ の逆関数。alog(y) は, $\log_e x=y$ のときの x を求める。
aperm	array において, 次元を入れ替える場合に使用。 例 Y<-aperm(X,c(2,1,3)) により, 第 2 次元と第 1 次元を入れ替える。
apply	行列の行および列の演算の時に使用。例1 aqpply(X,1,sum), 例2 apply(X,2,mean)
array	3 次元以上の配列のときに使用。 例1 X<-array(x,c(3,4,5)) によって, ベクトル x を第 1 次元の大きさが 3, 第 2 次元の大きさが 4, 第 3 次元の大きさが 5 の

	3次元配列として定義する。 例2 apply(X,c(1,2),mean)によって，第1,2次元をもとに第3次元の平均を計算する。
as.numeric	文字定数扱いされていた数字を数値扱いに変換する。 例 x<-c("1","2","3") ;x<-as.numeric(x)
asin	sinの逆関数。asin(y)によって，sin(x)=yのxを求める。
atan	tanの逆関数。atan(y)によって，tan(x)=yのxを求める。
c	ベクトルの作成。例 x<-c(1,3,5,6)
cbind	2つ以上のベクトルを列ベクトルとする行列を作成する。 例 X<-cbind(a1, a2, a3)
col2rgb	色名をRGBの値に変換する。例 col2rgb("red")
cor	ピアソンの積率相関係数を計算する。 例 cor(x,y)
cos	cos(x)でxの余弦を計算する。ただし，xの単位はラジアンである。
cosh	双曲型cosの計算。cosh(x)=(exp(x)+exp(-x))/2
cov	cov(x1,x2)で，x1とx2の共分散を計算する。
date	date()で実行日の日付を表示。
det	行列の行列式を計算する。例 det(X)
diag	行列の対角要素を表示する。例 diag(X)
dim	行列の次元を表す。例 dim(X)
dist	dist(x,diag=T,upper=T)で行列xの行間距離行列を出力する。
eigen	行列の固有値および固有ベクトルを計算する。
exp	指数関数を意味する。例 exp(x)
for	繰り返し文で，for (i in 1:n) { }の形式で，iが1からnまで変化する間，{ }の中の式を実行する。
function	関数を定義するときに使用。 例 var2<-function(x){n<-length; var2<-var(x)*(n-1)/n}
hsv	色を表す関数で，h(色相)，s(彩度)，v(明度)を引数とする。 例 col<-hsv(1,0.5,1)
identify	データの同定を行う。plot(x,y)のあと，identify(x,y)を実行すると，+のカーソルが表示される。同定する点プロットの位置にこのカーソルを移動し，マウスクリックするとデータ番号が表示される。
if	条件文で，if(条件式){ }の形式で，( )の中の条件が満た

	されれば，{ } の中の式を実行する．ただし，( ) の中のオブジェクトは，スカラーである．
ifelse	条件文で，ifelse(条件式，式1，式2)の形式で使用し，条件式が満たされれば，式1を実行し，満たされなければ，式2を実行する．条件式は，ベクトルも使用可能である． 例 ifelse(x<3 ,0,1) とすると，x の要素で，3 より小さい要素はすべて 0，それ以外の要素はすべて 1 に変換される．
is.matrix	is.matrix(x) で x が行列ならば真，そうでなければ偽となる．
is.vector	is.vector(x) で x がベクトルならば真，そうでなければ偽となる．
length	ベクトルの要素数を表す．例 length(x) によって，ベクトル x の要素数を表示する．
library	特別のライブラリーを呼び出すときに使用する． 例 library(stats) で統計用のライブラリーを呼び出す．
lines	2点を終点とする線分を描く． 例 x<-c(x1,x2);y<-(y1,y2); lines(x,y) によって，2点 (x1,y1),(x2,y2) を終点とする線分を描く．
locator	plot によって，表示された点の座標値を表示する． locator( ) の ( ) の中で点の個数を指定する． 例 plot(x,y);values<-locator(2) によって，locator 用のカーソル+を望む位置に移動し，マウスクリックを実行する．この場合は，座標値を求める点の個数は2個である．
log	自然対数の計算をするときに使用．例 log(x) ただし，x>0
log10	常用対数を計算するときに使用．
ls	オブジェクトの表示．例 ls( ) によって表示する．
matrix	行列を作成するときに使用． 例 X<matrix(x,ncol=2,byrow=T)
max	最大値の計算．例 max(x)
min	最小値の計算．例 min(x)
mean	平均の計算．例 mean(x)
ncol	行列の列数の表示．例 ncol(X)
nrow	行列の行数の表示．例 nrow(X)
par	グラフィックスで使用するパラメータの定義．パラメータとして，
col	色の指定
font	字体の指定
las	座標軸の数字の方向の指定

	lty	線の種類の指定
	lwd	線の太さの指定
	mfrow	画面の分割の指定
	pch	プロットする点の種類の指定
	pty	画面の形の指定。
	tck	座標軸の目盛の位置と長さの指定

などがある。

例 par(mfrow=c(1,1),pty="s",las=1,tck=0.02)

pchisq　　χ^2 分布における下側確率を求める関数。

　　　　　例 pchisq(chisq0,df)

pf　　　　F 分布における下側確率を求める関数。例 pf(F1,dfn,dfd)

plot　　　点のプロット。例 plot(x,y)

pnorm　　正規分布における下側確率を求める関数。例 pnorm(z0,0,1)

points　　点のプロットの追加。

　　　　　例 plot(x.male,y.male,pch="m");points(x.female,y.female,pch="f") は，男のデータが m でプロットされたところに，女のデータを f で追加プロットする。

polygon　多角形の作成。例 polygon(x,y)

print　　　オブジェクトの出力。例 1　print(x)，例 2　print(cbind(x,y))，例 3　print("x")

proc.time　CPU の使用時間の表示。例 proc.time()

prod　　　要素の積の計算。prod(x) によって，x の要素すべての積を計算する。

pt　　　　t 分布における下側確率を求める関数。例 pnorm(t1,df)

q　　　　 q( ) で R 言語の終了。

range　　 最大値と最小値の表示。例 range(x)

rbind　　 行ベクトルをもとに行列を作成する。

　　　　　例 X<-bind(x1,x2, x3)

read.jpeg　画像データの読み込みの際に使用。

　　　　　例 x<-read.jpeg("fig.JPG")

readline　 一行のデータをキーボード入力する。

　　　　　例 readline(" Input　y or n ")

readLines　1 行以上のデータをキーボード入力する。

　　　　　例 readLines(n=3) によって 3 行のキーボード入力を行う。

rect　　　 四角形を描く。rect(x1,y1,x2,y2) によって四角形を描く。点 (x1,y1) は，四角形の左上の頂点の座標値，点 (x2,y2) は四角形の右下の頂点の座標値である。

rep	繰り返し。例 rep(3,2) によって，3が2個定義される。
rev	逆方向に並べる。
rgb	色を表す関数で，色をr(赤)，g(緑)，b(青)の量で表示する。
rgb2hsv	RGB表色系で定義された色をHSV表色系に変換する。
rm	オブジェクトを削除する。例 rm(x)
round	四捨五入。例 round(0.3243,2)
Sys.sleep	システムの休止。Sys.sleep(5)で5秒間システムは休止する。
scan	プログラムファイルを読み込む際に使用。
sd	不偏分散の標準偏差の算出。
sin	正弦の計算。例 sin(x)
sinh	双曲型sinの計算。sinh(x)=(exp(x)-exp(-x))/2
solve	行列の逆行列の計算。例 solve(X)
sort	データを小さい順にソートする。例 sort(x)
sqrt	平方根の計算。
sum	総和の計算。
t	転置行列の表示。
table	データの集計およびクロス集計。例1 table(x)，例2 table(x,y)
tan	正接の計算。例 tan(x)
tanh	双曲型tanの計算。tanh(x)=(exp(x)-exp(-x))/(exp(x)+exp(-x))
tapply	属性ごとの統計量の算出。例 tapply(x,sex,mean) によって，xの平均を性別ごとに計算。
text	データ番号のプロット。例 plot(x,y,type="n");id<-1:length(x);text(x,y,id) によって，データ番号でプロットする。
var	不偏分散の計算。例 var(x)
while	while(条件式){ }の形式で使用し，条件式が満たされている間，{ }を実行する 例 i<-1;x<-c(1,5,2,7);while(x[i]!=7){print(x[i]); i<-i+1} xの要素で7が出てくるまでxの要素を出力する。
write	テキストファイルにデータを出力。例 write(x,file="result.txt",ncolumns=10,append=F)
write.table	データをエクセルワークシートに出力。例 write.table(x,file="result.xls",sep="\t")

文　献

ベッカー, R. A.・チェンバース, J. M.・ウィルクス, A. R. (著) 渋谷正昭・柴田里程 (訳) (1988).　S 言語　データ解析とグラフィックスのためのプログラミング環境 II　共立出版
船尾暢男　(2005).　The R Tips データ解析環境 R の基本技・グラフィックス活用集　九天社
Hogg, R. V. & Craig, A. T. (1970). *Introduction to mathematical statistics*. Macmillan Publishing Co., Inc.
池田　央　(1976).　社会科学・行動科学のための数学入門 3　統計的方法 II- 基礎　新曜社
岩原信九郎　(1965).　教育と心理のための推計学　日本文化科学社
森　敏昭・吉田寿夫　(1996).　心理学のためのデータ解析テクニカルブック　北大路書房
中澤　港　(2003). R による統計解析の基礎　ピアソン・エデュケーション
篠崎信雄　(1994).　統計解析入門　サイエンス社
芝　祐順　(1976). 社会科学・行動科学のための数学入門 3　統計的方法 II- 推測　新曜社
Winer, B. J. (1971).　*Statistical principles in experimental design*.　McGraw-Hill Kogakusha.
渡辺利夫　(1994).　使いながら学ぶ S 言語　オーム社
渡辺利夫　(2005).　フレッシュマンから大学院生までのデータ解析・R 言語　ナカニシヤ出版
Wonnacott, T. H. & Wonnacott, R. J. (1977). *Introductory statistics*. John Wiley & Sons, Inc.

関数・事項索引

A
abline 51
acos 5
anova_dif 130
anoval_rep1 112
apperm 28
apply 21
array 26
as.numeric 67
asin 5
atan 5

C
c 7
cbind 16
chisq2_test 87
chisq2_test_mat 89
Cochran-Cox の方法 92
col2rgb 55
cor 12
cor_test1 100
cor_test2 101
cos 5

D
diag 16
dim 16
dist 23

E・F
eigen 19
F_test1 103
function 71
F 検定 85
F 分布 85

G・H・I
grey 57
hsv 56
identify 52
ifelse 66

L
length 8
locator 53
log 5
log10 5
ls 6

M
manova2_rep0 116
manova2_rep0_dif2 134
manova2_rep1 121
manova2_rep1_dif1 140
manova2_rep2 125
matrix 15
mean 12

P
par 39, 46
pchisq 85
pf 85
plot 34
pnorm 85
points 49
polygon 59
print 29, 69
proc.time 70
pt 85

Q・R
qtukey 144

range   12
rbind   16
read.jpeg   68
readline   67
readLines   67
rect   58
reg_test   98
rev   11
rgb   55
rgb2hsv   57
rm   7
round   5

S
scan   67
simpeffect_test   148
sin   5
solve   18
sort   11
sort.list2   72
sqrt   5
Sys.sleep   70

T
t   16
t_test1   91
t_test2   93
t_test3   94
t_test3_rep   96
table   11
tan   5
tapply   14
text   46
type   35
t 検定   85, 90
t 分布   85

V・W・X
var   12
Welch の方法   94

while   66
write   69
write.table   69
wsd_test   144
X11   34

あ
オブジェクト   3

か
χ^2 検定   85
χ^2 分布   85
逆行列   18
行間相関行列   23
行列   15
固有値   19
固有ベクトル   19

さ
システム関数   4
スカラー   8
ステップ   144
正規化固有ベクトル   19

た
対角行列   16
単位行列   17
単純主効果   146, 148
調和平均   132
データファイル   30
転置行列   16

は
被験者間要因   108
被験者内要因   108
標準正規分布   85
プログラムファイル   28
分散共分散行列   23
ベクトル   7
ベクトルの内積   10

ま・ら

無相関検定　100
列間相関行列　23

記号

\- 　3
!=　15
#　29
%*%　10
&&　66
( )　3

*　3
/　3
:　9
[ ]　3, 9
^　4
| |　3
||　66
+　3
<-　7, 14
==　14
>=　14

渡辺利夫（わたなべ・としお）
1954 年　東京に生まれる
1977 年　同志社大学文学部文化学科心理学専攻卒業
1980 年　慶應義塾大学大学院社会学研究科心理学専攻修士課程修了
1988 年　カリフォルニア大学アーバイン校社会科学部認知科学科大学院博士課程修了（Ph.D.）
1990 年　慶應義塾大学環境情報学部専任講師
2010 年現在　慶應義塾大学環境情報学部教授

専門分野　数理モデル構成，空間の知覚と認知，ライフデザイン
ホームページ　http://web.sfc.keio.ac.jp/~watanabe

誰にでもできるらくらく R 言語

2010 年 3 月 10 日　初版第 1 刷発行　（定価はカヴァーに表示してあります）

　　著　者　渡辺　利夫
　　発行者　中西　健夫
　　発行所　株式会社ナカニシヤ出版
　　〒606-8161　京都市左京区一乗寺木ノ本町 15 番地
　　　　　　　　　　　　Telephone　075-723-0111
　　　　　　　　　　　　Facsimile　075-723-0095
　　　　　　　Website　http://www.nakanishiya.co.jp/
　　　　　　　E-mail　iihon-ippai@nakanishiya.co.jp
　　　　　　　　　　　　郵便振替　01030-0-13128

装幀＝白沢　正／印刷・製本＝ファインワークス
Copyright © 2010 by T. Watanabe
Printed in Japan.
ISBN978-4-7795-0367-2